群論入門

対称性をはかる数学

芳沢光雄　著

装幀／芦澤泰偉・児崎雅淑
カバー・章扉コラージュ／山本佳世
本文図版／朝日メディアインターナショナル

はじめに

　群の歴史は，方程式の研究に遡(さかのぼ)る．1変数のn次方程式の解法について，nが2の場合は既に古代バビロニアで知られていた．nが3の場合はカルダノ（1501～1576年）の方法として後世に伝わっており，またnが4の場合はフェラリ（1522年～1565年）が発見している．ラグランジュ（1736年～1813年）は，根（解）の置換という観点からnが2，3，4の場合の解法を基にしてnが一般の場合を研究し，それがルフィニ（1765年～1822年），アーベル（1802年～1829年）による5次方程式の解法の不可能性，そしてガロア（1811年～1832年）によるガロア群の研究へと発展したのである．

　方程式論の立場からラグランジュが行った研究では，後に広く知られるようになった「ラグランジュの定理」（5章1節）の端緒となる結果を発見し，それが群論の始まりとなった．それだけに，文字の置換の辺りから群論を学ぶことは歴史的にも自然な流れだと言えよう．本書の予備知識は，微分積分や統計などを除く高校数学として，上記の立場から群論の初歩を一歩ずつ学ぶ書として完成させたものである．

　1章では，置換を視覚的に理解するあみだくじの性質を学ぶ前に集合や写像などの基礎的な用語をいくつか学ぶ．それは将棋の世界に例えると，駒の動かし方を頭に入れるところだと理解していただければ適当だろう．すなわち，そこで現れる用語

は最初にきちんと理解しておけば，本書は全体的にかなり読みやすくなるはずである。

　群の定義に関する詳しい説明は2章と3章で行うが，整数全体に足し算という演算を考えたもの，あるいは1つの正六角形をそれ自身に重ねる合同変換全体を考えたもの，それらは群の例になる。群は，1つの集合とそこで定められる1つの演算に関して，結合法則が成り立ち，単位元というものが存在し，各元に対して逆元というものが存在するものである。

　たとえば，上の整数全体の集合については，0が単位元で，整数mの逆元は$-m$である。また上の正六角形の合同変換全体の集合については，単位元は全く動かさない変換で，各合同変換fの逆元は，fを逆に戻す合同変換である，といった具合だ。このように群は，素朴なものだけに応用は様々な分野に及ぶ。

　37年間にわたって，大学でいろいろな数学の講義を担当してきた経験として，私は次のような教訓を得た。それは，微分積分の学びでは多様な計算練習を積んだ後から理論をしっかり学ぶ方法も悪くないが，群論を含む代数学の学びについては，最初から理論を一歩ずつ積み上げて学んでいく方法が適切だということである。

　ただ，そこにおいて注意すべきことは，抽象的な議論を進める上では，登場するいくつかの公理が意味する幅広い具体例を大切にしなくてはならない，ということである。そこで本書は，とにかく例を大切にして「群論の基本」を学ぶものである

が，その例に関しては視覚的に捉えられる正多角形や正多面体，あるいは文字の移動に関する様々なゲームを用いている。

そのような学び方は，数学以外の分野への群論の応用を視野に入れても適当であると考える。たとえば，化学における分子の対称性を学ぶとき，回転や鏡面での反射などの用語が現れるが，それらに繋がる図形の合同変換などの概念を先に学ぶことになるからである。また自然科学以外でも，比較言語学の研究にも対称群などの対称性の強い群が用いられていることも指摘しておきたい。

一方，5次方程式は一般に解けないことを基礎から理解する上で，「5文字上の偶置換全体からなる5次交代群は単純群である」という性質を理解する必要がある。当然，ここでも群論は重要な役割をもって登場するが，ガロア理論の本筋だけを急いで学んだ学習者は，概してその証明をしっかり学んでいない場合も少なくないようだ。そこで，その平易な証明を5章の最後に述べた次第である。

本書の後半では，2行2列の行列がつくる群を重要な場面で用いる。その背景には，高校数学に関する直近の学習指導要領まで，それらの学びが入っていたことがある。したがって，その群を5章と6章で用いたことに抵抗はないが，学んでいない読者も想定して3章で一通り復習した。

さて，世の中には「5次方程式が一般に解けないことが分かったからといって，なんの役にも立たない」と言う人達が意外

と多くいる。私は数学教育活動を始めて20年になったが、このような発言に対して一つずつ誤解を解くように説明してきた20年でもあった。5次方程式に関しても、ガロア理論で現れる「体(たい)」の考え方が現在の符号・暗号の理論の基礎となっているのである。

その符号・暗号の理論と近い内容に、直交ラテン方陣というものがある。この研究はオイラーが1779年に出した「36人士官の問題」に遡るが（1900年に解決）、とくに直交ラテン方陣の完全直交系に関する未解決問題を部分的にも解決することは、符号・暗号の理論の発展にとってきわめて意義のあることだと考える。6章ではその辺りのことにも触れるが、最後にここで述べておきたいことがある。

それは、直交ラテン方陣の完全直交系に関して解決している内容は、「群」という強力な道具が効く部分である。「群」が直接には効かないと思われる部分は、人類が未だ手も足も出せない領域だと言えよう。これは、「群」というものが非常に強力な概念であることを示していると同時に、「群」を乗り越えるような素晴らしい"道具"の発見を人類に促しているように思えてならないのである。この方面にも関心をもっていただけることを期待したい。

本書のオリジナルな原稿には、群の例の扱い方にきわめて分かり難い部分があった。それらの部分を上手に紹介する助言をブルーバックスの小澤久氏にいただいたことが、本書の完成に至る上で大いに意義のあることであった。また、北海学園大学

はじめに

工学部の速水孝夫氏には原稿を一読していただき，いくつかの重要なコメントをいただいた。さらに，桜美林大学での私の講義を受けたリベラルアーツ学群数学専攻の学生さん達からは，「先生のその説明は分かります」，あるいは「先生のその説明は分かりません」と率直に何度も明るくコメントしていただき，本書の内容の土台をつくることができた。

　ここに，皆様に心から感謝の意を表す。

　　　2015年5月　　　　　　　　　　　　　　　　　　芳沢光雄

はじめに 3

1章 集合と写像とあみだくじ 11

1.1 用語の準備 12
1.2 あみだくじ 27

2章 置換群の導入 35

2.1 偶置換と奇置換 36
2.2 15ゲームが完成するための必要十分条件 43
2.3 対称群・交代群と置換群 56

3章 群の定義といろいろな例 69

3.1 群の定義 70
3.2 合同式と Z_m 80

4章 いろいろな対象の自己同型群 91

4.1 自己同型群の意味 92

4.2 駐車場移動問題 93

4.3 マジック S_{10} 96

4.4 15ゲームの拡張 100

5章 群と置換群の基本的性質 105

5.1 剰余類とその応用 106

5.2 正規部分群と剰余群 117

5.3 準同型写像と同型写像 130

6章 オイラーとラテン方陣 139

6.1 2次元ベクトル空間 $(Z_p)^2$ の
自己同型群としての $GL(2, Z_p)$ 140

6.2 ラテン方陣とデザイン 151

6.3 $(Z_p)^2$ から作る
p次ラテン方陣の完全直交系 159

1章

集合と写像と
あみだくじ

1.1 用語の準備

　整数全体の集合では和（足し算）という演算が考えられ，よく知られているように和に関しては結合法則が成り立ち，どの整数に0を加えても変わることなく，どの整数にもその-1倍の整数を加えると0になる。

　また，0を除く実数全体の集合では積（掛け算）という演算が考えられ，その集合においては，積に関しては結合法則が成り立ち，どの実数に1を掛けても変わることなく，どの実数にもその逆数を掛けると1になる。

　詳しくは後の章できちんと定義から説明するが，群とはそのように一つの集合と一つの演算がセットになったもので，上に述べたような結合法則などの素朴な性質が成り立つものである。

　歴史的には方程式の解の研究から始まったものであるが，素朴ゆえに応用も広く，現在では群は，物理学ばかりでなく比較言語学などにも応用されている。

　本書は，あみだくじなどのような文字の置き換えに関する置換群という立場から，関連するゲームやゲームスケジュールなどを紹介する形で群の概念を基礎から学ぶものである。そのためには集合，および関数を一般化させた写像の概念を，一から復習しておくことが大切である。そこで本書では，集合と写像の意味から学んでいくことにする。

　準備としての本節では，集合と写像などに関するいくつかの

1章 集合と写像とあみだくじ

用語を説明しよう。これらを既によく知っている読者は，適当に読み飛ばしていただいて構わない節である。

集合 A を構成している個々のものを A の元または要素といい，a が A の元であるとき

$a \in A$ または $A \ni a$

で表し，a は A に属するという。a が A の元でないとき

$a \notin A$ または $A \not\ni a$

で表す。また，集合 A の元の個数を $|A|$ で表す。

10以上30以下の素数の集合を S とするとき，S は6つの元 11, 13, 17, 19, 23, 29 から構成されている。それを

$S = \{11, 13, 17, 19, 23, 29\}$

というように，各元の間をカンマで区切ってすべての元を中括弧の中に書き並べて表す方法と，

$S = \{x \mid x$ は 10 以上 30 以下の素数$\}$

というように，性質 $P(x)$ を満たす x 全体から構成される集合を，中括弧と縦の線を用いて

$\{x \mid P(x)\}$

と表す方法がある。上の例では，$P(x)$ は「x は 10 以上 30 以下の素数」である。

また集合 A の元 x で，性質 $P(x)$ を満たすもの全体から構成される集合を，

$\{x \in A \mid P(x)\}$ または $\{x \mid x \in A, P(x)\}$

で表すことがある。

集合のうち，無限に多くの元をもつ集合を無限集合，有限個

の元しかもたない集合を有限集合という。とくに，元が1つもない集合を空集合といい，

　　　{ }またはϕ

で表す。

　無限集合のうち，自然数全体の集合，整数全体の集合，有理数全体の集合，実数全体の集合，複素数全体の集合を，それぞれ$\boldsymbol{N},\boldsymbol{Z},\boldsymbol{Q},\boldsymbol{R},\boldsymbol{C}$で表すことが一般的である。

　集合A,Bに対し，Aのすべての元がBに属しているとき，AをBの部分集合といい，

　　　$A \subseteq B$または$B \supseteq A$

で表す。たとえば，

　　　$\{1,2,3\} \subseteq \{1,2,3,4,5\}$，$\{1,2,3,4,5\} \supseteq \{1,2,3,4,5\}$

などが成り立つ。

　次にpとqを命題，すなわちpとqは真か偽かが定まる文や式とする。「日本人は頭がいい」は命題ではなく，「整数は有限個しかない」は偽の命題で，「負の数を2乗すると正になる」は真の命題である。また，「$x^2 \leq 1$」は，「$-1 \leq x \leq 1$」のとき真となり，そうでないとき偽となる（条件）命題である。「pならばq」が成り立つとき，qをpが成り立つための必要条件といい，pをqが成り立つための十分条件という。「pならばq」と「qならばp」の両方が成り立つとき，qはpが成り立つための必要十分条件であるといい，pとqは同値であるともいう。このとき，pはqが成り立つための必要十分条件でもある。

たとえば，$x = -1$ は $x^2 = 1$ が成り立つための十分条件であり，$x^2 = 1$ は $x = -1$ が成り立つための必要条件である。また，$x = \pm 1$ は $x^2 = 1$ が成り立つための必要十分条件である。

記法として，「$p \Rightarrow q$」は「p ならば q」を意味し，「$p \Leftrightarrow q$」は「p と q は同値」を意味する。

集合 A, B に対し，A と B の両方に属している元全体からなる集合を A と B の共通集合といい，

$$A \cap B$$

で表す。また，A と B の少なくとも一方に属している元全体からなる集合を A と B の和集合といい，

$$A \cup B$$

で表す。さらに，A の元であって B の元ではないもの全体からなる集合を A から B を引いた差集合といい，

$$A - B$$

で表す。

例 1 $A = \{1, 2, 3, 4\}$，$B = \{1, 4, 5, 6\}$
のとき，

$A \cap B = \{1, 4\}$

$A \cup B = \{1, 2, 3, 4, 5, 6\}$

$A - B = \{2, 3\}$

が成り立つ。

X, Y を集合とし，集合 X の各元をそれぞれ集合 Y の 1 つの元に対応させるとき，その対応を X から Y への写像という。

いま，XからYへの写像fがあるとき，それを
$$f: X \to Y$$
と表す。さらに，Xの元aがYの元bに対応しているとき，bをfによるaの像といい，
$$b = f(a)$$
と書く。X, Yをそれぞれfの定義域，終域といい，Yの部分集合
$$\{f(x) \mid x \in X\}$$
をfの値域という。

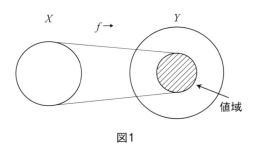

図1

また，Yの元bに対し，Xの部分集合
$$\{x \in X \mid f(x) = b\}$$
を，fによるbの逆像といい，$f^{-1}(b)$で表す。もちろん，fの値域にbが属していなければ，fによるbの逆像は空集合になる。

1章 集合と写像とあみだくじ

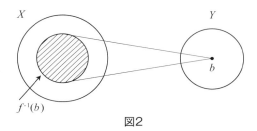

図2

 たとえば，$X = Y = \mathbf{R}$（実数全体の集合），$f(x) = x^2$とすると，4はfによる2の像でもあり-2の像でもある。また，0以上の実数全体の集合がfの値域である。さらに，fによる4の逆像は集合$\{-2, 2\}$である。

 ここで，像と逆像に関して，それぞれ以下のように拡張しておく。Xの部分集合Aに対し，

$$\{f(x) \mid x \in A\}$$

をfによるAの像といい，$f(A)$で表す。また，Yの部分集合Bに対し，

$$\{x \in X \mid f(x) \in B\}$$

というXの部分集合をfによるBの逆像といい，$f^{-1}(B)$で表す。

 たとえば，$X = Y = \mathbf{R}$（実数全体の集合），$f(x) = x^2$とすると，

$$A = \{-1, 0, 1, 2\}, \ B = \{-2, -1, 0, 9, 16\}$$

ならば，

$$f(A) = \{1, 0, 4\}, \ f^{-1}(B) = \{0, \pm 3, \pm 4\}$$

となる。

次に、集合 A, B, C と写像
$$f: A \to B, \quad g: B \to C$$
が与えられているとき、A の各元 x に対して $g(f(x))$ を対応させる A から C への写像を f と g の合成写像、あるいは単に f と g の合成といい、$g \circ f$ で表す。ここで、f と g の順番に注意する。

また、$g \circ f$ を単に gf で表すこともある。

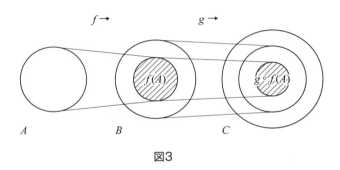

図3

集合 A, B, C, D と写像
$$f: A \to B, g: B \to C, h: C \to D$$
が与えられているとき、結合法則
$$(h \circ g) \circ f = h \circ (g \circ f)$$
が成り立つ。実際、A の各元 x に対して、
$$((h \circ g) \circ f)(x) = (h \circ g)(f(x)) = h(g(f(x)))$$
$$(h \circ (g \circ f))(x) = h((g \circ f)(x)) = h(g(f(x)))$$

となる。これを踏まえて，結合法則の両辺を
$$h \circ g \circ f$$
と表すこともある。

例2 $\boldsymbol{R}$ から $\boldsymbol{R}$ への写像 f, g をそれぞれ
$$f(x) = x^2, \ g(x) = x + 2$$
によって定めると，
$$g \circ f(x) = g(f(x)) = g(x^2) = x^2 + 2$$
$$f \circ g(x) = f(g(x)) = f(x+2) = (x+2)^2$$
であるから，$g \circ f \neq f \circ g$ となって，
$$\{x \in \boldsymbol{R} \mid g \circ f(x) \leq f \circ g(x)\}$$
$$= \{x \in \boldsymbol{R} \mid x^2 + 2 \leq x^2 + 4x + 4\}$$
$$= \{x \in \boldsymbol{R} \mid 0 \leq 4x + 2\}$$
$$= \left\{x \in \boldsymbol{R} \mid -\frac{1}{2} \leq x\right\}$$
を得る。なお $a \leq b$ は，a は b 以下の意味である。

集合 X から集合 Y への写像 f について，f の値域が Y と一致するとき，f を X から Y への全射，あるいは X から Y の上への写像という。

関数 $y = x^2$ は，$\boldsymbol{R}$ から $\{x \in \boldsymbol{R} \mid x \geq 0\}$ への全射であるが，$\boldsymbol{R}$ から $\boldsymbol{R}$ への全射ではない。

集合 X から集合 Y への写像 f について，X の異なる元 a, b の像 $f(a), f(b)$ が必ず異なるとき，f を X から Y への単射，あるいは X から Y への1対1の写像という。

関数 $y = 2x$ は，$\boldsymbol{Z}$（整数全体の集合）から $\boldsymbol{Z}$ への単射であるが，$\boldsymbol{Z}$ から $\boldsymbol{Z}$ への全射ではない（$2x = 5$ となる x は $\boldsymbol{Z}$ の元ではない）。また，関数 $y = x^2$ は，$\boldsymbol{R}$ から $\{x \in \boldsymbol{R} | x \geq 0\}$ への単射ではないが（$(-1)^2 = 1^2 = 1$ である），$\{x \in \boldsymbol{R} | x \geq 0\}$ から $\boldsymbol{R}$ への単射である。

集合 X から集合 Y への写像 f について，f が全射かつ単射であるとき，f を X から Y への全単射，あるいは X から Y の上への 1 対 1 の写像という。

例 3

（ア）全射（上への写像）の例

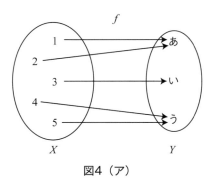

図 4（ア）

1章　集合と写像とあみだくじ

（イ）単射（1対1の写像）の例

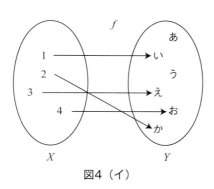

図4（イ）

（ウ）全単射（上への1対1の写像）の例

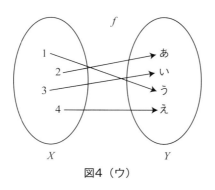

図4（ウ）

とくに，有限集合 A に対し，集合 A から集合 $\{1, 2, 3, \cdots, n\}$ への全単射が存在することは，$|A| = n$ であるための必要十分条

件である（|A|は集合Aの元の個数）。

指数関数 $y = 2^x$ は，$\mathbf{R}$ から $\{x \in \mathbf{R} | x > 0\}$ への全単射であり，図5で示されたあみだくじは，集合 $\{A, B, C, D, E\}$ から集合 $\{1, 2, 3, 4, 5\}$ への全単射と見なすことができる。

このあみだくじを，下から上に逆に辿るものとすると，これは上から下に辿るあみだくじの逆写像というものになる。以下，逆写像を厳密に定めよう。

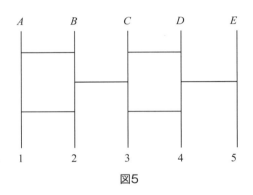

図5

集合 X から集合 Y への全単射 f に関し，Y の各元 y に対して $f^{-1}(y)$ はただ1つの元からなる集合である。すなわち，

$$f(x) = y$$

となる X の元 x がただ1つ存在するので，それによって，Y の各元 y に対して X の元 x を対応させることにより，Y から X への全単射 g が定まる。この g を f の逆写像といい，f^{-1} で表す

(図6参照)。明らかに

$$(f^{-1})^{-1} = f$$

すなわち逆写像の逆写像は元の写像になる。

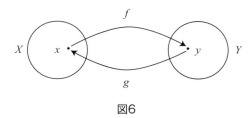

図6

　集合 X から Y への全単射のうち，とくに $X = Y$ であるものを X 上の置換という。明らかに，X の各元 x を x 自身に対応させる写像も X 上の置換であるが，これをとくに X 上の恒等写像，あるいは X 上の恒等置換という。また，置換の逆写像を逆置換という。

　なお本書では，恒等置換を e で表すことにする。

　関数 $y = x^3$ は $\boldsymbol{R}$ 上の置換であるように，無限集合上の置換もいろいろ考えられるが，置換という言葉を用いるときは，暗に有限集合上の置換に限定して考える場合が普通で，本書もそうである。

　集合 X 上の置換のうち，とくに X の異なる 2 つの元 α と β の取り替えになっているものを X 上の互換といい，記号 $(\alpha \quad \beta)$ で表す。すなわち互換 $(\alpha \quad \beta)$ は，α を β に移し，

β を α に移し，その他の元 γ を γ 自身に移す X 上の置換である。

次に，有限集合上の置換を考えるが，その有限集合に関して各元の名称は大した意味をもたない。実際，その集合が{あ, い, う, え, お}であっても，{1, 2, 3, 4, 5}であっても，それらの上の置換を考えるとき，数学としての関心事には変わりがない。そこで，n 個の元からなる集合上の置換は，

$$\Omega = \{1, 2, 3, \cdots, n\}$$

上の置換として考えることが多い。

$\Omega = \{1, 2, 3, \cdots, n\}$ 上の任意の置換 f は，

$$f = \begin{pmatrix} 1 & 2 & 3 & \cdots & n \\ f(1) & f(2) & f(3) & & f(n) \end{pmatrix}$$

で表すことが一般的である。ここで，$f(1), f(2), \cdots, f(n)$ はすべて異なるので，Ω 上の置換全体の総数は $1, 2, \cdots, n$ の順列の総数と等しくなって，それは $n!$ である。

たとえば，置換

$$\begin{pmatrix} 1 & 2 & 3 & 4 & 5 \\ 4 & 1 & 5 & 2 & 3 \end{pmatrix}$$

は，1を4，2を1，3を5，4を2，5を3に移す{1, 2, 3, 4, 5}上の置換であり，{1, 2, 3, 4, 5}上の置換は全部で $5! = 120$（個）ある。

集合 Ω の $t\ (\geq 2)$ 個の異なる元 $\alpha_1, \alpha_2, \cdots, \alpha_t$ に対し，

$$\sigma(\alpha_i) = \alpha_{i+1}\ (i = 1, 2, \cdots, t-1),\ \sigma(\alpha_t) = \alpha_1,$$
$$\sigma(\beta) = \beta\ (\beta \in \Omega - \{\alpha_1, \alpha_2, \cdots, \alpha_t\})$$

を満たす Ω 上の置換を，長さ t の巡回置換といい，記号

$$(\alpha_1\ \alpha_2\ \alpha_3\cdots\alpha_t)\ \text{または}\ (\alpha_1,\ \alpha_2,\ \alpha_3,\cdots,\alpha_t)$$

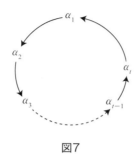

図7

で表す（図7参照）。とくに，長さ2の巡回置換は互換である。

なお便宜上，Ω の任意の元 α に対し，長さ1の巡回置換として扱う (α) は恒等置換を表すものとする。

たとえば，

$$\begin{pmatrix} 1 & 2 & 3 & 4 & 5 & 6 & 7 \\ 2 & 3 & 1 & 5 & 6 & 7 & 4 \end{pmatrix} = (1\ \ 2\ \ 3)\circ(4\ \ 5\ \ 6\ \ 7)$$

であるように，この置換は長さ4の巡回置換 $(4\ \ 5\ \ 6\ \ 7)$ と長さ3の巡回置換 $(1\ \ 2\ \ 3)$ の合成である。実際，左辺の置換は1を2に移し，2を3に移し，3は1に戻ってきて，4は5に移し，5は6に移し，6は7に移し，7は4に戻ってくる。

例4 図8に示したあみだくじは，1,2,3,4,5の像がそれぞれ

4, 2, 5, 1, 3 となる $X = \{1, 2, 3, 4, 5\}$ 上の置換と見なすことができ，それは互換ア，イ，ウ，エ，オ，カの合成写像

　　カ ∘ オ ∘ エ ∘ ウ ∘ イ ∘ ア
　　= (1　2) ∘ (3　4) ∘ (4　5) ∘ (2　3) ∘ (3　4) ∘ (1　2)
　　= $\begin{pmatrix} 1 & 2 & 3 & 4 & 5 \\ 4 & 2 & 5 & 1 & 3 \end{pmatrix}$

と考えられる（写像の合成の順番に注意）。

　実際，1はア = (1　2) によって2に移り，2はウ = (2　3) によって3に移り，3はオ = (3　4) によって4に移るので，1は最終的に4に辿り着く。他も同様にして，2は2に，3は5に，4は1に，5は3にそれぞれ辿り着く。

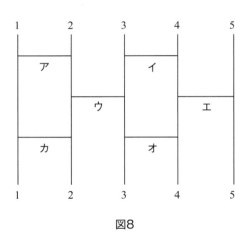

図8

例5　$\Omega = \{1, 2, 3, 4, 5, 6\}$ のとき，次の式が成り立つ（写像の

1章 集合と写像とあみだくじ

合成の順番に注意)。

$$\begin{pmatrix} 1 & 2 & 3 & 4 & 5 & 6 \\ 6 & 2 & 1 & 4 & 3 & 5 \end{pmatrix} \circ \begin{pmatrix} 1 & 2 & 3 & 4 & 5 & 6 \\ 6 & 5 & 4 & 3 & 1 & 2 \end{pmatrix}$$

$$= \begin{pmatrix} 1 & 2 & 3 & 4 & 5 & 6 \\ 5 & 3 & 4 & 1 & 6 & 2 \end{pmatrix}$$

$(1 \ 4 \ 6) \circ (1 \ 6 \ 4)$

$$= \begin{pmatrix} 1 & 2 & 3 & 4 & 5 & 6 \\ 4 & 2 & 3 & 6 & 5 & 1 \end{pmatrix} \circ \begin{pmatrix} 1 & 2 & 3 & 4 & 5 & 6 \\ 6 & 2 & 3 & 1 & 5 & 4 \end{pmatrix}$$

$= e$ (恒等置換)

$(1 \ 4) \circ (4 \ 6)$

$$= \begin{pmatrix} 1 & 2 & 3 & 4 & 5 & 6 \\ 4 & 2 & 3 & 1 & 5 & 6 \end{pmatrix} \circ \begin{pmatrix} 1 & 2 & 3 & 4 & 5 & 6 \\ 1 & 2 & 3 & 6 & 5 & 4 \end{pmatrix}$$

$$= \begin{pmatrix} 1 & 2 & 3 & 4 & 5 & 6 \\ 4 & 2 & 3 & 6 & 5 & 1 \end{pmatrix} = (1 \ 4 \ 6)$$

実際,最初の式に関しては,左辺の右側の置換によって1は6に移り,左辺の左側の置換によって6は5に移るので,1は最終的に5に辿り着く。また,左辺の右側の置換によって2は5に移り,左辺の左側の置換によって5は3に移るので,2は最終的に3に辿り着く。他も同様にして,3は4に,4は1に,5は6に,6は2にそれぞれ辿り着く。

1.2 あみだくじ

本節では,あみだくじの仕組み方や数学としての性質について述べよう。次章では,集合 Ω 上の置換全体からなる対称群

(演算は置換の合成) というものを導入するが，次の定理は任意の置換はあみだくじとして表すことができることを述べている。あみだくじは，次章で導入する偶置換や奇置換を視覚的に理解する上で効果的なものである。

定理1

n 本の縦線が引かれているあみだくじの原形があり，その上部と下部両方に左から $1, 2, \cdots, n$ が書いてあるとする。このとき $\Omega = \{1, 2, 3, \cdots, n\}$ 上の任意の置換 σ に対し，何本かの適当な横線を引いて σ と同じ作用をするあみだくじを作ることができる。

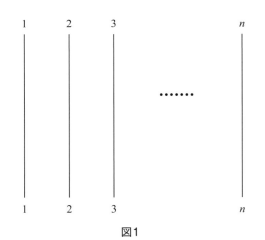

図1

1章 集合と写像とあみだくじ

証明 n に関する数学的帰納法で示す。

$n = 1$ のとき，縦線が1本だけなので明らかに成立する。

$n - 1$ まで成立すると仮定する。もし $\sigma(n) = n$ ならば，数学的帰納法の仮定を用いて，右端の縦線を除く $n - 1$ 本の縦線の間に横線を何本か引くことによって，σ と同じ作用をするあみだくじを作ることができる。もし，$\sigma(n) \neq n$ で $\sigma(i) = n$ ($i \neq n$) とすると，あみだくじの上部に図2の部分を付けることを考えれば，初めに i が n に辿り着くことができる。

そこで，σ と同じ作用をするあみだくじの構成を考えると，残りは右端の縦線を除く $n - 1$ 本の縦線の間に横線を何本か引くことによって作ればよいが，これは数学的帰納法の仮定によってできる。

したがって，n のときも成立する。　　　　（証明終わり）

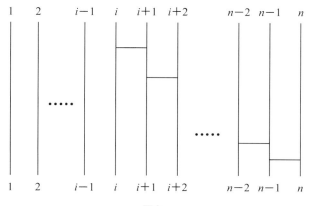

図2

この定理は，あみだくじの原理を示したものであるが，出前授業などで多くの子ども達に喜んでもらえる実際の仕組み方は，次の例で紹介する。

例1 図3は，上段と下段にそれぞれ1, 2, 3, 4, 5, 6が書いてあるあみだくじの原形である。縦線と縦線の間に何本かの横線を引いて上段から下段に辿るのであるが，

$\Omega = \{1, 2, 3, 4, 5, 6\}$

上の置換を引き起こす。

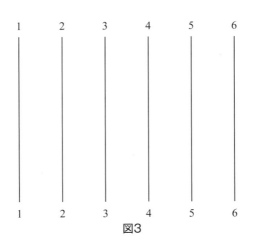
図3

ここで，具体的に上段の1, 2, 3, 4, 5, 6がそれぞれ下段の3, 6, 1, 5, 4, 2に辿り着くあみだくじを仕組んでみよう。

1章　集合と写像とあみだくじ

　まず，上段と下段にそれぞれ1, 2, 3, 4, 5, 6を，間隔をとって並べる。そして，上段の1が辿り着く下段の3，上段の2が辿り着く下段の6，上段の3が辿り着く下段の1，上段の4が辿り着く下段の5，上段の5が辿り着く下段の4，上段の6が辿り着く下段の2，というふうに，それぞれ線で結ぶ。ただし，線は曲線で構わないが，図4のように，途中で3本以上の線が同一の点で交わることのないようにする。ここで，ア, イ, ウ, エ, オ, カ, キ, ク, ケは交点につけた名称である。

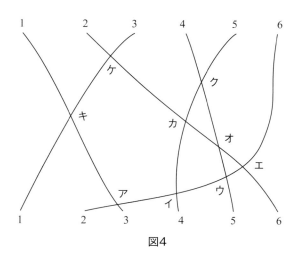

図4

　次に，図4の各交点を図5のようにアルファベットのHの字を描くように修正する。

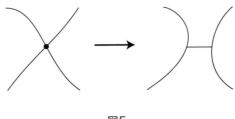

図5

　それによって，図4は図6のようになり，さらに図6を図7のように，縦の線を真っ直ぐに直して完成である。

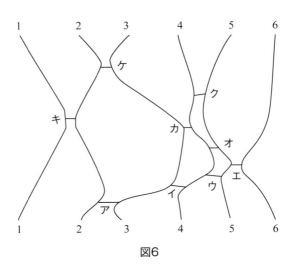

図6

1章 集合と写像とあみだくじ

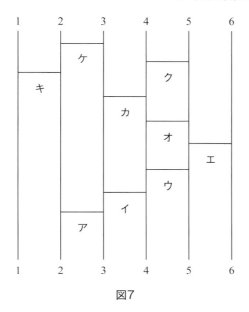

図7

　なお，図7における横線はアからケまでの奇数本の9本である。例1のように，上段の1, 2, 3, 4, 5, 6がそれぞれ下段の3, 6, 1, 5, 4, 2に辿り着くあみだくじは他にもいろいろあり，横線の本数もいろいろである。しかし，それらのあみだくじにおける横線の本数は，どれも奇数本なのである。その証明は一般化した形で2章で行うことになるが，すべてのあみだくじについて，横線の本数が偶数であるか奇数であるかは一意的に定まるのである。

2章

置換群の導入

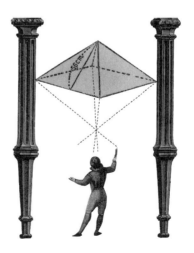

2.1 偶置換と奇置換

2で割って余り0，1となる整数は順に偶数，奇数である。3以上の整数で割った余りに名称が付いているものはないように，偶数や奇数という分け方は，特別な意味をいろいろもつ分け方なのである。本節で扱う偶置換と奇置換も，特別な意味をもつ置換全体の分け方である。

最初に，次の定理1を証明しよう。

―|| 定理1 ||――

集合 Ω 上の任意の置換 f, g に対し，f と g の合成 $g \circ f$ も Ω 上の置換となる。

証明 x, x' を Ω の相異なる任意の2元とすると，f は単射であるから

$$f(x) \neq f(x')$$

である。それゆえ，g も単射であるから

$$g(f(x)) \neq g(f(x'))$$

すなわち，$g \circ f(x) \neq g \circ f(x')$ が成り立つ。よって $g \circ f$ は単射である。

一方，g は全射であるから，Ω の任意の元 y に対し，$g(w) = y$ となる Ω の元 w が存在する。また f も全射であるから，$f(x) = w$ となる Ω の元 x が存在する。そこで，

$$g(f(x)) = g(w) = y$$

が成り立つ。よって、$g \circ f$ は全射である。

したがって、Ω から Ω への写像 $g \circ f$ は全単射になるので、$g \circ f$ は Ω 上の置換となる。　　　　　　　　　（証明終わり）

なお定理1において、f と g の合成 $g \circ f$ を f と g の合成置換ともいう。

次に、1章2節の定理1は次の定理を意味している。

定理2

$\Omega = \{1, 2, 3, \cdots, n\}$ 上の任意の置換 f は、次の互換いくつかの重複を含めた合成によって表される。

$$(1 \quad 2), (2 \quad 3), (3 \quad 4), \cdots, (n-1 \quad n)$$

定理2において、f を互換の合成として表したとき、その互換の個数が偶数であるか奇数であるかは一意的に定まる（次の定理3）。その個数が偶数か奇数かによって、f をそれぞれ Ω 上の偶置換、Ω 上の奇置換というのである。

定理3の証明はいろいろ知られており、私自身も日本数学会誌『数学』58巻で紹介したことがある。ここでは W. I. Miller による素朴な証明を紹介しよう。

定理3

$\Omega = \{1, 2, 3, \cdots, n\}$ 上の任意の置換 f は、いくつかの互換 $h_1, h_2, \cdots, h_l$ の合成置換 $h_1 \circ h_2 \circ \cdots \circ h_l$ として表され、l が偶数であるか奇数であるかは f によって一意的に定まる。

証明 最初に e（恒等置換）がいくつかの互換 $k_1, k_2, \cdots, k_r$ の合成置換として

$$e = k_1 \circ k_2 \circ \cdots \circ k_r \qquad \cdots(1)$$

と表されたとすると，r は偶数になることを示す。まず Ω の元 1 が現れる k_i があるとし，それらのうちで i が最大になるものを改めて $k_i = (1 \ \ \alpha)$（α は 1 と異なる Ω の元）とする。ここで $i \neq 1$ である。なぜならばもし $i = 1$ とすると，1 の行き先を考えれば，(1)式の右辺は e と異なるものになってしまう。

ここで，k_{i-1} は次の 4 通りのどれかになる。

(ア) $(1 \ \ \alpha)$

(イ) $(1 \ \ \beta)$（β は 1，α と異なる Ω の元）

(ウ) $(\alpha \ \ \beta)$（β は 1，α と異なる Ω の元）

(エ) $(\beta \ \ \gamma)$（β, γ はどちらも 1，α と異なる Ω の元）

そして，(ア)，(イ)，(ウ)，(エ)それぞれの場合に対して，以下の等式が成り立つ。

(ア) $k_{i-1} \circ k_i = e$

(イ) $k_{i-1} \circ k_i = (1 \ \ \beta) \circ (1 \ \ \alpha) = (1 \ \ \alpha \ \ \beta)$
$\qquad\qquad\quad = (1 \ \ \alpha) \circ (\alpha \ \ \beta)$

(ウ) $k_{i-1} \circ k_i = (\alpha \ \ \beta) \circ (1 \ \ \alpha) = (1 \ \ \beta \ \ \alpha)$
$\qquad\qquad\quad = (1 \ \ \beta) \circ (\alpha \ \ \beta)$

(エ) $k_{i-1} \circ k_i = (\beta \ \ \gamma) \circ (1 \ \ \alpha) = (1 \ \ \alpha) \circ (\beta \ \ \gamma)$

(1) 式の右辺の $k_{i-1} \circ k_i$ に上の等式を代入したものを

2章　置換群の導入

$$e = k'_1 \circ k'_2 \circ \cdots \circ k'_s \qquad \cdots(2)$$

とすれば，(2) 式の右辺の互換の個数 s は $r-2$ または r と等しく，さらに Ω の元 1 が現れる k'_j に対しては $j \leq i-1$ が必ず成り立つ。

次に，(2) 式に対しても (1) 式に対する議論と同じことを行い，さらにその議論をできるところまで繰り返し行ったものを

$$e = q_1 \circ q_2 \circ \cdots \circ q_t \qquad \cdots(3)$$

とする。ここですべての互換 q_i に Ω の元 1 は現れず，t と r の偶奇性は一致する。

さて，Ω の元 1 に対する議論は Ω の元 $2, 3, 4, \cdots$ にもそれぞれ適用できるので，(3) 式に対し順次適用していけば，いずれ右辺は e になる。したがって，t は偶数であることが分かる。よって，r は偶数である。

いま，f がいくつかの互換の合成として

$$f = h_1 \circ h_2 \circ \cdots \circ h_l = h'_1 \circ h'_2 \circ \cdots \circ h'_m$$

と 2 通りに表されたとする。ここで，$l+m$ が偶数であることを示せば l と m の偶奇性は一致する。上式の右の等式の両辺に左から

$$h_l \circ h_{l-1} \circ \cdots \circ h_2 \circ h_1$$

を作用させると，

$$(h_l \circ h_{l-1} \circ \cdots \circ h_2 \circ h_1)(h_1 \circ h_2 \circ \cdots \circ h_l)$$
$$= (h_l \circ h_{l-1} \circ \cdots \circ h_2 \circ h_1)(h'_1 \circ h'_2 \circ \cdots \circ h'_m)$$

を得る。したがって，

$$e = (h_l \circ h_{l-1} \circ \cdots \circ h_2 \circ h_1)(h'_1 \circ h'_2 \circ \cdots \circ h'_m)$$

となるので，証明の前半に示したことから $l + m$ は偶数となる。 (証明終わり)

さて，図1の2つのあみだくじはどちらも1が6，2が3，3が1，4が5，5が2，6が4に辿り着くものであるが，横線の本数は違う。(ア) は9本で，(イ) は13本である。

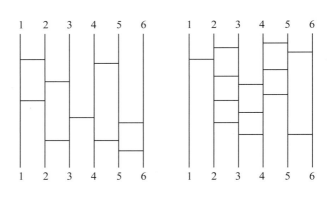

図1

そのように，あみだくじは上段から下段に辿り着く先がすべて一致していても，当然のこととして横線の本数は異なることがある。しかしながら，横線の本数が偶数であるか奇数であるかは一意的に定まるのである。その理由は，正に定理3が意味することである。

2章　置換群の導入

┤ **定理 4** ├

長さ t の巡回置換
$$f = (\alpha_1, \alpha_2, \alpha_3, \cdots, \alpha_{t-1}, \alpha_t)$$
は，次のように表される。
$$f = (\alpha_1 \ \ \alpha_t) \circ (\alpha_1 \ \ \alpha_{t-1}) \circ \cdots \circ (\alpha_1 \ \ \alpha_3) \circ (\alpha_1 \ \ \alpha_2)$$

証明 図2に示した拡張したあみだくじにより，上式の成立が分かる。なお，小丸のない縦線と横線の交点では，辿るときに素通りする。

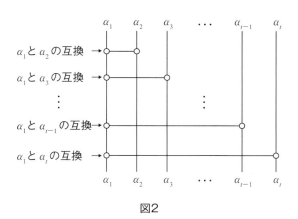

図2

定理4より，長さ偶数（t が偶数）の巡回置換は奇置換で，長さ奇数（t が奇数）の巡回置換は偶置換であることが分か

る。なお，恒等置換は0個の互換の合成であるから，恒等置換は偶置換である。

例1 置換 f は偶置換であるか奇置換であるかを求めよう。

（ア）　$f = \begin{pmatrix} 1 & 2 & 3 & 4 & 5 & 6 & 7 \\ 5 & 6 & 1 & 2 & 3 & 7 & 4 \end{pmatrix}$

f は図3の状態を意味しているので，

　　$f = (1\ \ 5\ \ 3) \circ (2\ \ 6\ \ 7\ \ 4)$

である。

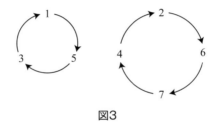

図3

したがって定理4より，

　　$f = (1\ \ 3) \circ (1\ \ 5) \circ (2\ \ 4) \circ (2\ \ 7) \circ (2\ \ 6)$

となるので，f は奇置換である。

（イ）　$f = \begin{pmatrix} 1 & 2 & 3 & 4 & 5 & 6 & 7 & 8 & 9 \\ 8 & 6 & 3 & 7 & 2 & 4 & 5 & 9 & 1 \end{pmatrix}$

f は図4の状態を意味しているので，

　　$f = (1\ \ 8\ \ 9) \circ (2\ \ 6\ \ 4\ \ 7\ \ 5)$

2章 置換群の導入

である。

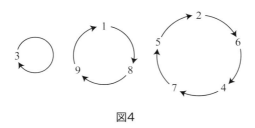

図4

したがって定理4より，

$f = (1 \quad 9) \circ (1 \quad 8) \circ (2 \quad 5) \circ (2 \quad 7) \circ (2 \quad 4) \circ (2 \quad 6)$

となるので，f は偶置換である。

2．2　15ゲームが完成するための必要十分条件

　昔，15ゲームというものが流行ったことをご存知だろうか。今でもあるが，15枚の小チップ ①, ②, ③, …, ⑮ が 4×4 のマス目に入っていて，空白を利用して小チップを1つずつ動かして，図1に示した基本形に移すゲームである。

1	2	3	4
5	6	7	8
9	10	11	12
13	14	15	

図1 基本形

　実は，15ゲームは完成するものと完成しないものの2種類が半々ずつあり，完成するものは簡単にできる。

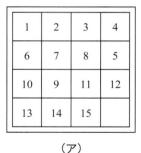

図2

　先に例を紹介すると，図2において（ア）は完成するが（イ）は完成しない。

（ア）を基本形に戻すためには，基本形において次の移動ができることが必要である．5を6がある場所へ，6を7がある場所へ，7を8がある場所へ，8を5がある場所へ，9を10がある場所へ，10を9がある場所へ，その他はそれ自身の場所へ，それぞれ移すことである．

この移動をあみだくじにして表すと，たとえば図3のようなものになるが，横線の本数が偶数本（図3では4本）であることに注目していただきたい．

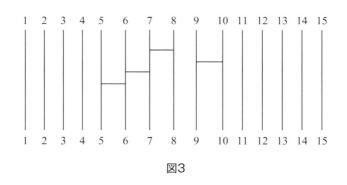

図3

（イ）を基本形に戻すためには，基本形において次の移動ができることが必要である．6を7がある場所へ，7を6がある場所へ，9を10がある場所へ，10を9がある場所へ，11を12がある場所へ，12を11がある場所へ，その他はそれ自身の場所へ，それぞれ移すことである．

この移動をあみだくじにして表すと，たとえば図4のような

ものになるが,横線の本数が奇数本(図4では3本)であることに注目していただきたい。

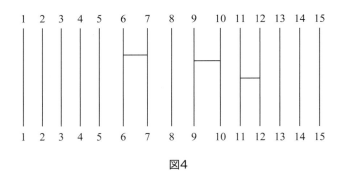

図4

結論として,右下を空白にした15ゲームのスタート図を基本形に戻せるか否かは,基本形におけるその移動を図3,図4のようにあみだくじで表したとき,横線の本数が偶数であるか奇数であるかによって定まるのである。この完全な証明をこれから行う。

最初に,15ゲームの開始時と終了時は必ず右下を空白にすることにする。

2章 置換群の導入

1	2	3	4
5	6	7	8
9	10	11	12
13	14	15	

図5
基本形

1	2	3	5
7	6	10	4
12	11	8	9
13	14	15	

図6

1	2	3	10
6	9	5	11
12	7	8	4
13	14	15	

図7

$i = 1, 2, 3, \cdots, 15$ に対し，15ゲームの場所iとは，基本形でiの数字の付いた小チップが置かれている所とする．また，場所16はゲームの開始時に空白になっている右下の所とする．

本節では15ゲームが完成するための分かりやすい必要十分条件を提示し，その初等的な証明をしよう．

まず，「空白」も1つの小チップとみなす．そして15ゲームの1回の操作は，「空白」が置いてある場所とその上下左右の場所との互換であるとみなすことができる．たとえば，図6からゲームを開始するとき，開始直後に9の付いた小チップを下

に動かすことは，場所12と16の互換を行ったことになる。次に8の付いた小チップを右に動かすことは，場所11と12の互換を行ったことになる。それら2つの操作を合わせると，場所16を場所11に，場所11を場所12に，場所12を場所16に移すことになり，それは合成置換

　　　$(11\ \ 12)\circ(12\ \ 16)$

を行ったことと一致する。

　ゲームの開始時から終了時まで，毎回の操作で空白は上下左右に1コマずつ動くのであるが，空白が上に動いたのべ回数をa，下に動いたのべ回数をb，左に動いたのべ回数をc，右に動いたのべ回数をdとすると，空白は終了時には開始時と同じ場所16に戻って来るから，

　　　$a = b,\ c = d$

が成り立つことになる。したがって，操作回数の合計は

　　　$a + b + c + d = 2(a + c)$

となる。

　上式右辺は偶数であることに注目すると，各回の操作に対応する場所どうしの互換は，ゲームの開始から終了までちょうど偶数個なのである。以上から，15ゲームの場所の集合を

　　　$S = \{1, 2, 3, \cdots, 16\}$

とすると，開始時から終了時を見たS上の置換は偶置換に限るのである。すなわち，完成するゲームでは，開始時から終了時を見たS上の置換は偶置換でなければならない。もちろん現段階では，その逆に関しては何も分かっていない。

例1 図6から（基本形の）図5を見た S 上の置換 f は

$$\begin{pmatrix} 1 & 2 & 3 & 4 & 5 & 6 & 7 & 8 & 9 & 10 & 11 & 12 & 13 & 14 & 15 & 16 \\ 1 & 2 & 3 & 5 & 7 & 6 & 10 & 4 & 12 & 11 & 8 & 9 & 13 & 14 & 15 & 16 \end{pmatrix}$$

である。実際，4の場所にある5の付いた小チップは5の場所に移し，5の場所にある7の付いた小チップは7の場所に移し，7の場所にある10の付いた小チップは10の場所に移し，…，以下同様。

f が偶置換であるか奇置換であるかを調べるために，本節冒頭で述べたように f と同じ作用をするあみだくじを作って，その横線の本数が偶数であるか奇数であるかを調べてみよう（図8参照）。

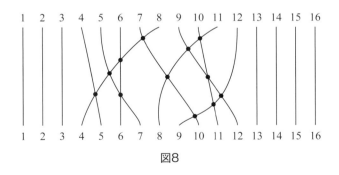

図8

図8において交点の個数は12個であるので，f は偶置換である。

例2 図7から図5を見た S 上の置換 g は

$$\begin{pmatrix} 1 & 2 & 3 & 4 & 5 & 6 & 7 & 8 & 9 & 10 & 11 & 12 & 13 & 14 & 15 & 16 \\ 1 & 2 & 3 & 10 & 6 & 9 & 5 & 11 & 12 & 7 & 8 & 4 & 13 & 14 & 15 & 16 \end{pmatrix}$$

である。例1と同様にして，g と同じ作用をするあみだくじを作って，その横線の本数を調べてみよう（図9参照）。

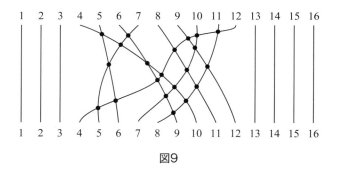

図9

図9において交点の個数は21個であるので，g は奇置換である。それゆえ，図7は完成しないゲームである。

次の定理の証明が，本節の主目標である。

定理1

15ゲームにおいて，開始時から終了時を見た S 上の置換 f が偶置換であることは，ゲームが完成するための必要十分条件である。

証明 上で説明したことから，定理を証明するためには，f が偶置換ならばゲームは完成すること，すなわち「十分性」を示せばよい。まず，基本形を次の図10に変形することは容易であるから，

$$\begin{pmatrix} 1 & 2 & 3 & 4 & 5 & 6 & 7 & 8 & 9 & 10 & 11 & 12 & 13 & 14 & 15 & 16 \\ 1 & 2 & 3 & 4 & 5 & 6 & 7 & 8 & 9 & 10 & 15 & 11 & 13 & 14 & 12 & 16 \end{pmatrix}$$

$= (11\ 15\ 12)$

という置換は実現可能である。

1	2	3	4
5	6	7	8
9	10	12	15
13	14	11	

図10

以下，置換が「実現可能」というときには，そのように右下が空白の状態から右下が空白の状態を見た場合での移動についてとする。そして，今後示していきたいことは，16を16に移す S 上の偶置換はすべて「実現可能」になることである。それがいえれば，定理の十分性も示せたことになる。

以下，いちいち「16を16に移す」という表現を付けること

を省略して，集合
$$T = \{1, 2, 3, \cdots, 15\}$$
上のすべての偶置換は実現可能になることを，いくつかのステップに分けて示そう．

Step1　T 上の置換 f と g が実現可能ならば，f と g の合成置換 $g \circ f$ も実現可能である．なぜならば，f に対応する変形を行って，それに続けて g に対応する変形を行えばよいからである．

Step2　T 上の置換 f が実現可能ならば，f の「逆置換」f^{-1} も実現可能である．ここで f の逆置換とは，
$$f = \begin{pmatrix} 1 & 2 & 3 & \cdots & 15 \\ a_1 & a_2 & a_3 & \cdots & a_{15} \end{pmatrix}$$
であるとき，a_1 を 1 に，a_2 を 2 に，a_3 を 3 に，$\cdots$，a_{15} を 15 にそれぞれ逆に戻す置換である．15ゲームで，f に対応する変形を，順番を逆にしてすべて逆に戻していく変形は f^{-1} に対応する変形となる．
$$f^{-1} \circ f = e \text{（恒等置換）}$$
であり，
$$f \circ f^{-1} = e \text{（恒等置換）}$$
でもある．

Step3　T の相異なる 3 つの任意の元 a_1, a_2, a_3 と相異なる 3 つの任意の元 b_1, b_2, b_3 に対し，場所 a_1 を場所 b_1 に，場所 a_2 を場

所 b_2 に，場所 a_3 を場所 b_3 にそれぞれ移す実現可能な置換 f が存在する。ただし f は，場所16はもちろん場所16に移すが，a_1, a_2, a_3, 16 以外の場所に関しては，どのようになっても構わないとする。

Step3 は Step1, 2 のように明らかではないので，その理由を説明しよう。まず，場所 a_1 を場所 1 に，場所 a_2 を場所 2 に，場所 a_3 を場所 3 に移す実現可能な置換 g は存在する。それは，「15ゲームで最上段の一番左から 3 個分だけ，意図した小チップ 3 つを順に揃えれば後はどうでもよい」と言われて動かすことと同じことであり，やさしく分かることだろう。同様に，場所 b_1 を場所 1 に，場所 b_2 を場所 2 に，場所 b_3 を場所 3 に移す実現可能な置換 h が存在する。

h の逆置換 h^{-1} は Step2 によって実現可能で，そして g と h^{-1} の合成置換

$$h^{-1} \circ g$$

は Step1 によって実現可能であるが，それは場所 a_1 を場所 b_1 に，場所 a_2 を場所 b_2 に，場所 a_3 を場所 b_3 に移す置換となるので，それを f とすればよい。

Step4　T の相異なる 3 つの任意の元 a , b , c をとると，長さ 3 の巡回置換

$$(a \quad b \quad c)$$

は実現可能な置換である。

まず，本定理の証明の最初の部分に長さ 3 の巡回置換

(11　15　12)

が実現可能であることを述べた。

　一方，Step3 により，場所 a を場所11に，場所 b を場所15に，場所 c を場所12に，それぞれ移す実現可能な置換 f が存在する。

　Step1, 2 により，合成置換

　　$g = f^{-1} \circ (11\ \ 15\ \ 12) \circ f$

も実現可能であるが，それは長さ3の巡回置換

　　$(a\ \ b\ \ c)$

と一致することが以下のようにして分かる。

　a は f によって11に移り，11は (11　15　12) によって15に移り，15は f^{-1} によって b に移る。よって，a は g によって b に移る。そして b は f によって15に移り，15は (11　15　12) によって12に移り，12は f^{-1} によって c に移る。よって，b は g によって c に移る。そして c は f によって12に移り，12は (11　15　12) によって11に移り，11は f^{-1} によって a に移る。よって，c は g によって a に移る。

　さらに，a, b, c 以外の T の任意の元 x をとり，x は f によって y に移ったとする。ここで，y は 11, 15, 12 以外の要素である。なぜならば，$y = 11$ ならば $x = a$ であり，$y = 15$ ならば $x = b$ であり，$y = 12$ ならば $x = c$ であるからである。そこで，x は f によって y に移り，y は (11　15　12) によって y に移り，y は f^{-1} によって x に移る。よって，x は g によって x に移る。

以上から，
$$f^{-1} \circ (11 \quad 15 \quad 12) \circ f = (a \quad b \quad c)$$
となり，Step4 が成り立つことになる。

Step5　T 上のすべての偶置換は実現可能である。

まず，偶置換は偶数個の互換の合成置換であった。そして偶数は2の倍数であるから，2つの互換の合成に注目しよう。それは，次の3つの型のどれかになる。

（ア）$(\alpha \quad \beta) \circ (\alpha \quad \beta)$（$\alpha, \beta$ は異なる T の元）

（イ）$(\alpha \quad \beta) \circ (\beta \quad \gamma)$（$\alpha, \beta, \gamma$ は互いに異なる T の元）

（ウ）$(\alpha \quad \beta) \circ (\gamma \quad \delta)$（$\alpha, \beta, \gamma, \delta$ は互いに異なる T の元）

（ア）の型の置換は恒等置換 e であり，e は
$$e = (1 \quad 2 \quad 3) \circ (3 \quad 2 \quad 1)$$
というように，2つの長さ3の巡回置換として表せる。

（イ）の型の置換はそれ自身
$$(\alpha \quad \beta) \circ (\beta \quad \gamma) = (\alpha \quad \beta \quad \gamma)$$
というように，1つの長さ3の巡回置換になる。

（ウ）の型の置換は
$$(\alpha \quad \beta) \circ (\gamma \quad \delta) = (\alpha \quad \beta \quad \gamma) \circ (\beta \quad \gamma \quad \delta)$$
というように，2つの長さ3の巡回置換の合成置換として表せる。実際，右辺の $\alpha, \beta, \gamma, \delta$ がそれぞれ何に移るかを確かめれば，右辺は左辺と同じになることが分かる。

したがって，2つの互換の合成置換は必ず長さ3の巡回置換の合成置換として表せるので，偶置換はどれも長さ3の巡回置換の合成置換として表せるのである。あとは，Step1，Step4を用いればStep5が成り立つことになる。

以上で定理の証明は完了した。

ちなみに図8の交点の個数は偶数なので，図6は完成するゲームである。

2.3 対称群・交代群と置換群

方程式の根（解）の集合上の置換群という概念が，抽象的な群論の出発点である。それだけに，3章で抽象的な群の定義を述べる前に，あみだくじの構造を示す対称群や15ゲームの構造を示す交代群などの置換群を紹介することは，適切な導入法であると言えるだろう。

f, g を $\Omega = \{1, 2, 3, \cdots, n\}$ 上の置換とし，それぞれ互換の合成として

$$f = (\alpha_1 \ \beta_1) \circ (\alpha_2 \ \beta_2) \circ \cdots \circ (\alpha_m \ \beta_m)$$
$$g = (\gamma_1 \ \delta_1) \circ (\gamma_2 \ \delta_2) \circ \cdots \circ (\gamma_n \ \delta_n)$$

と表されたとする。このとき，

$$f \circ g = (\alpha_1 \ \beta_1) \circ (\alpha_2 \ \beta_2) \circ \cdots \circ (\alpha_m \ \beta_m) \circ (\gamma_1 \ \delta_1) \circ (\gamma_2 \ \delta_2) \circ \cdots \circ (\gamma_n \ \delta_n)$$

であるから，f と g が偶置換ならば $f \circ g$ も偶置換である。

また，f の逆置換 f^{-1} は

$$f^{-1} = (\alpha_m \ \beta_m) \circ (\alpha_{m-1} \ \beta_{m-1}) \circ \cdots \circ (\alpha_2 \ \beta_2) \circ (\alpha_1 \ \beta_1)$$

と表せる。とくに f が偶置換ならば f^{-1} も偶置換である。上式は具体的に，拡張したあみだくじ図1（ア）で表される置換に対し，拡張したあみだくじ図1（イ）で表される置換が，その逆置換になることを確かめても理解できるだろう。

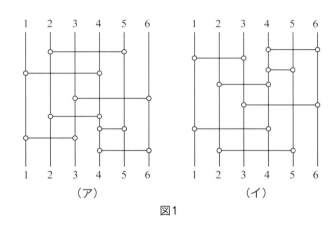

図1

任意の空でない集合 Ω に対し，Ω 上の置換全体からなる集合を S^Ω とおく。このとき，写像の合成 $\circ$ に関して，S^Ω は次の性質 (S1), (S2), (S3), (S4) を満たす。

(S1) S^Ω の任意の元 f, g に対して，$f \circ g$ は S^Ω の元である。

(S2) S^Ω の任意の元 f, g, h に対して，結合法則
$$(f \circ g) \circ h = f \circ (g \circ h)$$
が成り立つ。

(S3) S^Ω にある元 e があって，

$$f \circ e = e \circ f = f$$
が S^Ω のすべての元 f について成り立つ。

(S4) S^Ω の任意の元 f に対して,
$$f \circ g = g \circ f = e$$
となる S^Ω の元 g がある。

一応 (S1) 〜 (S4) を説明すると, (S1) については2章1節の定理1である。(S2) については1章1節で述べた結合法則である。(S3) については e を Ω 上の恒等置換とすればよい。(S4) については g を f の逆置換 f^{-1} とすればよい。

なお (S1) については, S^Ω は写像の合成 ∘ が定義されているという。

次に任意の空でない有限集合 Ω に対し, Ω 上の偶置換全体からなる集合を A^Ω とおく。このとき, 写像の合成 ∘ に関して, A^Ω は次の性質 (A1), (A2), (A3), (A4) を満たす。

(A1) A^Ω の任意の元 f, g に対して, $f \circ g$ は A^Ω の元である。

(A2) A^Ω の任意の元 f, g, h に対して, 結合法則
$$(f \circ g) \circ h = f \circ (g \circ h)$$
が成り立つ。

(A3) A^Ω にある元 e があって,
$$f \circ e = e \circ f = f$$
が A^Ω のすべての元 f について成り立つ。

(A4) A^Ω の任意の元 f に対して,
$$f \circ g = g \circ f = e$$
となる A^Ω の元 g がある。

一応 (A1) 〜 (A4) を説明すると，(A1) と (A4) は本節の最初に指摘したことから分かる。(A2) は (S2) より明らかである。(S3) は，恒等置換は偶置換であることから分かる。また (A1) についても，A^Ω は写像の合成 ∘ が定義されているという。

上で述べたことを踏まえて，以下の用語を定義しよう。

任意の空でない集合 Ω に対し，(S1), (S2), (S3), (S4) を満たす S^Ω を Ω 上の対称群という。また，任意の空でない有限集合 Ω に対し，(A1), (A2), (A3), (A4) を満たす A^Ω を Ω 上の交代群という。Ω がとくに n 個の元から構成されているとき，S^Ω を S_n，A^Ω を A_n で表すこともある。

例 1

(1) $\Omega = \{1, 2, 3\}$ のとき，

$$S^\Omega = S_3 = \left\{ \begin{pmatrix} 1\,2\,3 \\ 1\,2\,3 \end{pmatrix}, \begin{pmatrix} 1\,2\,3 \\ 1\,3\,2 \end{pmatrix}, \begin{pmatrix} 1\,2\,3 \\ 2\,1\,3 \end{pmatrix}, \\ \begin{pmatrix} 1\,2\,3 \\ 2\,3\,1 \end{pmatrix}, \begin{pmatrix} 1\,2\,3 \\ 3\,1\,2 \end{pmatrix}, \begin{pmatrix} 1\,2\,3 \\ 3\,2\,1 \end{pmatrix} \right\}$$

$$= \left\{ \begin{matrix} e\,(恒等置換), (2\,3), (1\,2), \\ (1\,2\,3), (1\,3\,2), (1\,3) \end{matrix} \right\}$$

(2) $\Omega = \{1, 2, 3, 4\}$ のとき，

$$A^{\Omega} = A_4 = \begin{Bmatrix} (1\,2\,3), (1\,3\,2), (1\,2\,4), (1\,4\,2), (1\,3\,4), \\ (1\,4\,3), (2\,3\,4), (2\,4\,3), (1\,2) \circ (3\,4), \\ (1\,3) \circ (2\,4), (1\,4) \circ (2\,3), e\,(恒等置換) \end{Bmatrix}$$

一般に集合 X の元の個数を $|X|$ で表すとしたので,次の定理が成り立つ。

|| **定理1** ||

$\Omega = \{1, 2, \cdots, n\}$ 上の n 次対称群 S_n と n 次交代群 A_n について,

$$|S_n| = n!,\ |A_n| = \frac{n!}{2}\ (n \geq 3)$$

が成り立つ。

証明 前の式は1章1節で述べてあるので,後の式を示そう。

$C = \{(1\ 2) \circ x\,|\,x\,\text{は}\,A_n\,\text{の元}\}$

とおく。A_n の異なる2つの元 x, y に対し,

$(1\ 2) \circ x = (1\ 2) \circ y$

とすると,両辺左から $(1\ 2)$ を作用させることにより,

$(1\ 2) \circ (1\ 2) \circ x = (1\ 2) \circ (1\ 2) \circ y$

$x = y$

となって矛盾である。したがって,

$|C| = |A_n|$

を得る。ここで,B を奇置換全体の集合とすると,C のすべて

の元は奇数個の互換の合成として表されるから，
$$C \subseteq B$$
である。よって，$|A_n| \leq |B|$ が成り立つ。

同様に，
$$D = \{(1\ \ 2) \circ x \mid x \text{ は } B \text{ の元}\}$$
という集合を考えると，
$$|D| = |B|, \ \ D \subseteq A_n$$
が分かるので，$|B| \leq |A_n|$ が成り立つ。したがって，
$$|A_n| = |B|$$
が成り立ち，また Ω 上の置換全体の個数は $n!$ なので，結論を得る。 (証明終わり)

ここで Ω が空でない有限集合のとき，Ω 上の交代群 A^Ω は Ω 上の対称群 S^Ω の部分集合であるが，そればかりでなく (A1), (A2), (A3), (A4) はそれぞれ (S1), (S2), (S3), (S4) における S^Ω を A^Ω に取り替えたものであることに注目したい。

そこで，新たに次の用語を定義しよう。

空でない集合 Ω に対し，次の (G1), (G2), (G3), (G4) を満たす S^Ω の部分集合 G を Ω 上の置換群という ((G2) は 3 章で述べる群の定義の準備として入れてある)。

(G1) G の任意の元 f, g に対して，$f \circ g$ は G の元である。

(G2) G の任意の元 f, g, h に対して，結合法則
$$(f \circ g) \circ h = f \circ (g \circ h)$$
が成り立つ。

(G3) G にある元 e があって，

$$f \circ e = e \circ f = f$$
が G のすべての元 f について成り立つ.

(G4) G の任意の元 f に対して,
$$f \circ g = g \circ f = e$$
となる G の元 g がある.

なお (G1) については, G は写像の合成が定義されているという. また上の定義で $|\Omega| = n$ のとき, G を Ω 上の n 次置換群 (次数 n の置換群) ともいう. そこで, S_n や A_n をそれぞれ n 次対称群, n 次交代群という.

置換群の例はいくらでもあり, また後の章でいろいろ取り上げるが, とりあえず二面体群と呼ばれる例を紹介しよう.

例2 図2のように, 正 n 角形の頂点全体に, 時計と反対回りに $1, 2, 3, \cdots, n$ と番号を付ける.

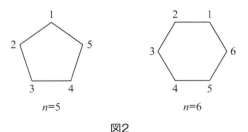

図2

$n = 5, 6$ の場合に図3, 図4 で図示することであるが, $\Omega = \{1, 2, 3, \cdots, n\}$ とおくと, 正 n 角形の任意の合同変換 (それ自身に

重ね合わせる移動）はΩ上のただ1つの置換と見なせる。以後，それらを同一視しよう。ちなみに図3で，1から2に矢印が向いているものは，1を2，2を3，3を4，4を5，5を1に回転させる合同変換であり，点線があるものは，それを軸として表裏をひっくり返す合同変換である。なお，正n角形を全く動かさない合同変換はΩ上の恒等置換eである。

いま，正n角形の合同変換全体からなる集合をGとすると，上のようにして見なすことによりGは$\Omega = \{1, 2, 3, \cdots, n\}$上の置換群となる。これを$n$次の二面体群という。

実際 (G1) については，正n角形を合同変換して，さらに合同変換しても，それらを合わせたものは合同変換である。(G2) と (G3) については明らかに成り立つ。(G4) については，正n角形の合同変換に対して，それを逆に戻す作用も合同変換であることから分かる。

$n = 5$の場合，5次の二面体群Gは次のように表される。

$$G = \left\{ \begin{array}{l} (1\,2\,3\,4\,5), (1\,3\,5\,2\,4), (1\,4\,2\,5\,3), (1\,5\,4\,3\,2), e, \\ (2\,5) \circ (3\,4), (1\,3) \circ (4\,5), (2\,4) \circ (1\,5), (3\,5) \circ (1\,2), \\ (1\,4) \circ (2\,3) \end{array} \right\}$$

これは，図3のように図示すると分かりやすい。

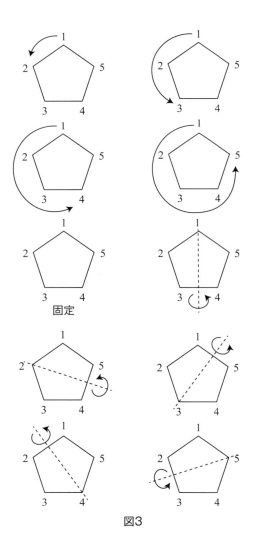

図3

また $n=6$ の場合,6次の二面体群 G は次のように表される。

$$G = \left\{\begin{array}{l}(1\,2\,3\,4\,5\,6), (1\,3\,5)\circ(2\,4\,6), (1\,4)\circ(2\,5)\circ(3\,6), \\ (1\,5\,3)\circ(2\,6\,4), (1\,6\,5\,4\,3\,2), e, \\ (2\,6)\circ(3\,5), (1\,3)\circ(4\,6), (1\,5)\circ(2\,4), \\ (1\,2)\circ(3\,6)\circ(4\,5), (1\,4)\circ(2\,3)\circ(5\,6), (1\,6)\circ(2\,5)\circ(3\,4)\end{array}\right\}$$

これも,図4のように図示すると分かりやすい。

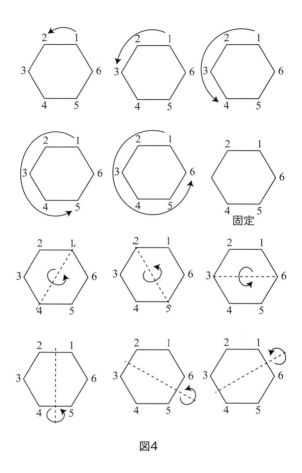

図4

　上で述べてきたことから，一般に n 次の二面体群の元の個数は $2n$ であることが分かるだろう。

2章　置換群の導入

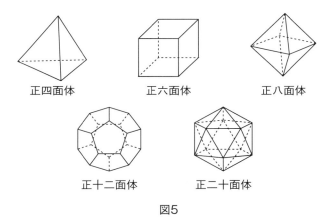

図5

　次に，正多面体は図5で示した5個に限ることが知られているが（証明は拙著『新体系・中学数学の教科書（下）』（講談社ブルーバックス）を参照），各正多面体の合同変換全体に関しても，正多角形の場合と同様に，頂点集合 Ω 上の置換群と見なせる。

　正多面体の任意の頂点をとると，それをどの頂点にも移動させる合同変換がある。そして1つの頂点をいったん固定すると，その頂点と接する面の数だけ合同変換がある。たとえば図6では，頂点1を固定した正四面体の合同変換は3個であることを表している。

67

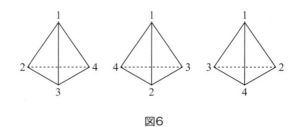

図6

　上のように考えることによって，正多面体の合同変換の個数は，

　　　頂点数×（1つの頂点と接する面の数）

に等しいことが分かる。したがって正四面体，正六面体，正八面体，正十二面体，正二十面体の合同変換全体がつくる群の元の個数は，それぞれ12，24，24，60，60である。

3章

群の定義と
いろいろな例

3.1 群の定義

本章では,2章3節で学んだことを踏まえて群の定義といろいろな例を学ぼう。本節ではいよいよ群の定義を述べるが,定義が意味する内容をよく理解できるか否かは,理解を深める例をバランスよく学ぶことにかかっている,と言っても過言ではない。群を学ぶ初心者が偏った例だけを学んだために,後で苦労した事例をいろいろ見てきただけに,例として挙げる題材はよく考えて選んだつもりである。

まず,四則演算 $+ - \times \div$ や写像の合成。などを代表して演算記号 $*$ で表すと,適当な集合 X の元 x, y に対して $x * y$ というものを考えることになる。

X が $\boldsymbol{Z}$(整数全体)のとき,X の任意の元 x, y に対して $x + y, x - y, x \times y$ は X の元になるが,X のある元 u, v に対して,たとえば $u = 1, v = 3$ のとき $u \div v$ は X の元にならない。そこで,次の言葉を定義するのである。

集合 X と演算記号 $*$ があって,X の任意の元 x, y に対して X の元 $x * y$ が定まるとき,集合 X に演算 $*$ は定義されるという。このとき,集合 X では演算 $*$ が閉じているともいう。

例1

(1) 集合 $\boldsymbol{Z} - \{0\}$ や $\boldsymbol{Q} - \{0\}$ に演算 $\times$ は定義されるが,どちらも演算 $+$ は定義されない。実際,$1 + (-1) = 0$ である。なお,$\boldsymbol{Z}, \boldsymbol{Q}$ は,それぞれ整数全体,有理数全体の集合である。

(2) 任意の集合 Ω に対し，Ω 上の置換全体の集合 S^Ω に演算。（写像の合成）は定義される。また任意の有限集合 Ω に対し，Ω 上の偶置換全体の集合 A^Ω に演算。は定義される。

(3) p を素数とするとき，

$X = \{p^m \mid m \in \mathbf{Z}\}$

$Y = \{p^n \mid n \in \mathbf{N}\,(自然数全体の集合)\}$

を考えると，X は積 $\times$ と商 $\div$ が定義されるものの，和 $+$ と差 $-$ は定義されない。また Y は，積 $\times$ が定義されるものの，和 $+$ と差 $-$ と商 $\div$ は定義されない。

(4) 実数全体の集合 $\mathbf{R}$ の任意の元 x, y に対し，

$x * y = xy^2 + 2y$

と定めると，$\mathbf{R}$ は演算 $*$ が定義される。しかしながら，$\mathbf{R}$ から 0 を除く $\mathbf{R} - \{0\}$ は同じ演算 $*$ が定義されない。なぜならば，

$(-2) * 1 = (-2) \cdot 1^2 + 2 \cdot 1 = 0$

となるからである。

いよいよ，群の定義を行う。

― 定義 ―

空集合でない集合 G に演算 $*$ が定義されているとき，次の条件（ⅰ），（ⅱ），（ⅲ）を満たすならば G は $*$ に関して群であるという。さらに，（ⅳ）も合わせて満たすならば，G は $*$ に関して可換群またはアーベル群であるという。なお，演算記号をとくに意識する必要がない場合，$a * b$ を省略形 ab や簡略形 $a \cdot b$ で表すことが普通である。

（ⅰ）結合法則が成立。すなわち，Gの任意の元a, b, cに対して

　　$(a * b) * c = a * (b * c)$

が成り立つ。

（ⅱ）単位元の存在。すなわち，Gにある元eがあって，Gの任意の元aに対して

　　$a * e = e * a = a$

が成り立つ。eをGの単位元といい，1で表すこともある。

（ⅲ）すべての元に逆元が存在。すなわち，Gの任意の元aに対して，

　　$a * b = b * a = e$（単位元）

となるGの元bが存在する。このbをaの逆元とよび，普通a^{-1}で表す。

（ⅳ）交換法則が成立。すなわち，Gの任意の元a, bに対して

　　$a * b = b * a$

が成り立つ。可換群Gの演算は+で表すこともあり，$a + b$をaとbの和といい，Gを加法群という。そして，加法群Gの単位元はとくに零元といい，それを0で表す。この場合，元bの逆元を$-b$で表し，元aと$(-b)$の和$a + (-b)$を$a - b$で表す。

　元の個数が有限の群を有限群といい，それが無限の群を無限群という。また，群Gの元の個数$|G|$をGの位数という。

　群Gの空集合でない部分集合HがGと同じ演算に関して群

となるとき，H を G の部分群という。G 自身および G の単位元 e のみからなる部分集合 $\{e\}$ は明らかに G の部分群であり，それらを G の自明な部分群という。なお，部分群 $\{e\}$ を単位群という。h が H の元であるとき，

$$e = h \cdot h^{-1} \in H$$

であるから，e は H の単位元でもある。

例2

(1) 整数全体の集合 $\boldsymbol{Z}$ は和 $+$ に関して加法群であるが，自然数全体の集合 $\boldsymbol{N}$ は $+$ に関して群ではない。

(2) 実数全体の集合 $\boldsymbol{R}$ に対し，$\boldsymbol{R} - \{0\}$ は積 $\cdot$ に関して可換群であるが，$\boldsymbol{R}$ は $\cdot$ に関して群ではない。

(3) 集合 Ω 上の対称群 S^Ω は写像の合成 $\circ$ に関して群である。

有限集合 Ω 上の交代群 A^Ω は Ω 上の対称群 S^Ω の部分群である。とくに，S_n は位数 $n!$ の有限群で，A_n は位数 $\dfrac{n!}{2}$ の有限群である（$n \geq 3$）。

(4) $\Omega = \{1, 2, 3\}$ のとき

$$(1 \ \ 2) \circ (2 \ \ 3) = (1 \ \ 2 \ \ 3)$$
$$(2 \ \ 3) \circ (1 \ \ 2) = (1 \ \ 3 \ \ 2)$$

である。よって，$|\Omega| \geq 3$ のとき対称群 S^Ω は可換群ではない。

また，$\Omega = \{1, 2, 3, 4\}$ のとき

$$(1 \ \ 2 \ \ 3) = (1 \ \ 3) \circ (1 \ \ 2)$$
$$(2 \ \ 3 \ \ 4) = (2 \ \ 4) \circ (2 \ \ 3)$$

はどちらも A^Ω の元であるが，

$(1\ 2\ 3) \circ (2\ 3\ 4) = (1\ 2) \circ (3\ 4)$

$(2\ 3\ 4) \circ (1\ 2\ 3) = (1\ 3) \circ (2\ 4)$

である。よって，$|\Omega| \geq 4$ のとき交代群 A^Ω は可換群ではない。

(5) 複素数全体の集合 $\boldsymbol{C}$ は和 + に関して加法群であり，$\boldsymbol{R}$ はその $\boldsymbol{C}$ の部分群，$\boldsymbol{Q}$ はその $\boldsymbol{R}$ の部分群，$\boldsymbol{Z}$ はその $\boldsymbol{Q}$ の部分群である。

また，$\boldsymbol{C} - \{0\}$ は積・に関して可換群であり，$\boldsymbol{R} - \{0\}$ はその $\boldsymbol{C} - \{0\}$ の部分群，$\boldsymbol{Q} - \{0\}$ はその $\boldsymbol{R} - \{0\}$ の部分群である。

(6) 2行2列の行列（2次正方行列）は，大きなカッコの中に2つの行と2つの列に4つの数を形式的に書いたもので，

$$A = \begin{pmatrix} a & b \\ c & d \end{pmatrix}$$

という形で表す。a を A の1行1列成分，b を A の1行2列成分，c を A の2行1列成分，d を A の2行2列成分という。そして，a, b, c, d は特定の集合に属することが普通で，とりあえず実数全体の集合 $\boldsymbol{R}$ として考えることにする。そして，特別な2次正方行列

$$O = \begin{pmatrix} 0 & 0 \\ 0 & 0 \end{pmatrix}, \quad E = \begin{pmatrix} 1 & 0 \\ 0 & 1 \end{pmatrix}$$

を，それぞれ2次零行列，2次単位行列という。

2次正方行列に関する演算を一応，復習しておこう。

$$A = \begin{pmatrix} a & b \\ c & d \end{pmatrix}, \quad B = \begin{pmatrix} p & q \\ r & s \end{pmatrix}$$

3章 群の定義といろいろな例

と定数 k に対し,A と B の和 $A+B$,A の k 倍(スカラー倍)kA,A と B の積 $A \cdot B = AB$ をそれぞれ次のように定める。

$$A + B = \begin{pmatrix} a+p & b+q \\ c+r & d+s \end{pmatrix}$$

$$kA = \begin{pmatrix} ka & kb \\ kc & kd \end{pmatrix}$$

$$AB = \begin{pmatrix} ap+br & aq+bs \\ cp+dr & cq+ds \end{pmatrix}$$

また,$A + (-1)B$ を $A - B$ で表す。

たとえば,次のような計算が成り立つ。

$$3\begin{pmatrix} 1 & 2 \\ 3 & 4 \end{pmatrix} - \begin{pmatrix} 1 & 0 \\ -1 & 2 \end{pmatrix}\begin{pmatrix} 0 & 2 \\ 1 & -3 \end{pmatrix}$$

$$= \begin{pmatrix} 3 & 6 \\ 9 & 12 \end{pmatrix} - \begin{pmatrix} 0 & 2 \\ 2 & -8 \end{pmatrix} = \begin{pmatrix} 3 & 4 \\ 7 & 20 \end{pmatrix}$$

いま,

$$M = \left\{ \begin{pmatrix} a & b \\ c & d \end{pmatrix} \mid a,b,c,d \in \boldsymbol{R} \right\}$$

とおくと,M は + に関して加法群である。M の零元は 2 次零行列 O であり,

$$A = \begin{pmatrix} a & b \\ c & d \end{pmatrix}$$

の逆元 $-A$ は

$$-A = \begin{pmatrix} -a & -b \\ -c & -d \end{pmatrix}$$

と表される2次正方行列である。

積に関して,たとえば

$$\begin{pmatrix} 1 & 1 \\ 0 & 1 \end{pmatrix} \begin{pmatrix} 1 & 0 \\ 1 & 1 \end{pmatrix} = \begin{pmatrix} 2 & 1 \\ 1 & 1 \end{pmatrix}$$

$$\begin{pmatrix} 1 & 0 \\ 1 & 1 \end{pmatrix} \begin{pmatrix} 1 & 1 \\ 0 & 1 \end{pmatrix} = \begin{pmatrix} 1 & 1 \\ 1 & 2 \end{pmatrix}$$

であるので,Mは積に関して交換法則は成り立たない。また,Mは積に関して結合法則

$(AB)C = A(BC)$

が成り立つことは,

$$A = \begin{pmatrix} a & b \\ c & d \end{pmatrix}, B = \begin{pmatrix} p & q \\ r & s \end{pmatrix}, C = \begin{pmatrix} t & u \\ v & w \end{pmatrix}$$

とおいて,左右両辺を別々に計算して確かめればよい(『新体系・高校数学の教科書(下)』(講談社ブルーバックス)を参照)。これにより$(AB)C$も$A(BC)$も,カッコを省略してABCと表してよいのである。

なお,2次正方行列Aに対して,

$A^2 = AA, A^3 = A^2A, A^4 = A^3A, \cdots$

と定めることは,数の場合と同じである。

さて,任意の2次正方行列Aと2次単位行列Eに対して,

$AE = EA = A$

が成り立つことは直ちに分かる。もっとも,Mや$M-\{O\}$がEを単位元として積に関して群になることはない(Oは2次零行列)。なぜならば,

$$AO = OA = O$$

$$\begin{pmatrix} 1 & 0 \\ 0 & 0 \end{pmatrix} \begin{pmatrix} 0 & 0 \\ 1 & 0 \end{pmatrix} = O$$

が成り立つからである。

そこで，2次正方行列 A に対して，

$$AB = BA = E$$

となる2次正方行列 B があるとき，B を A の逆行列ということにして，それを記号 A^{-1} で表してみる。

任意の2次正方行列

$$A = \begin{pmatrix} a & b \\ c & d \end{pmatrix}$$

に対して，

$$\begin{pmatrix} a & b \\ c & d \end{pmatrix} \begin{pmatrix} d & -b \\ -c & a \end{pmatrix} = \begin{pmatrix} ad-bc & 0 \\ 0 & ad-bc \end{pmatrix}$$

$$\begin{pmatrix} d & -b \\ -c & a \end{pmatrix} \begin{pmatrix} a & b \\ c & d \end{pmatrix} = \begin{pmatrix} ad-bc & 0 \\ 0 & ad-bc \end{pmatrix}$$

が成り立つので，$ad - bc \neq 0$ のとき，

$$B = \frac{1}{ad-bc} \begin{pmatrix} d & -b \\ -c & a \end{pmatrix}$$

は A の逆行列となる。

$ad - bc = 0$ のときは，$a = b = 0$ であるか，適当な定数 k によって

$$A = \begin{pmatrix} a & b \\ ka & kb \end{pmatrix}$$

と表されることが導かれる(たとえば $a \neq 0$ のときは,$k = \dfrac{c}{a}$)。これによって,A は逆行列をもたないことも導かれる。なぜならば,行列

$$X = \begin{pmatrix} p & q \\ r & s \end{pmatrix}$$

に対し $AX = E$ となるならば,

$$\begin{pmatrix} ap+br & aq+bs \\ k(ap+br) & k(aq+bs) \end{pmatrix} = \begin{pmatrix} 1 & 0 \\ 0 & 1 \end{pmatrix}$$

から矛盾が導かれてしまうからである。

ここで,A が逆行列をもつときは,それは一意的に定まることに注意しておく。なぜならば,B と B' を A の逆行列とすると,

$$B = BE = B(AB') = (BA)B' = EB' = B'$$

が成り立つからである。また,

$$(A^{-1})^{-1} = A$$

であることにも注意しておく。

以上を踏まえて,

$$G = \left\{ A = \begin{pmatrix} a & b \\ c & d \end{pmatrix} \mid a,b,c,d \in \mathbf{R},\ A \text{ は逆行列をもつ} \right\}$$

とおくと,2次単位行列 E は G の元となるので(E の逆元は E 自身),G に演算としての積が定義されるならば,G は E を単位元とする群になる。実際,A と B を G の任意の元とすると,

$$(AB)(B^{-1}A^{-1}) = A(BB^{-1})A^{-1} = AEA^{-1} = AA^{-1} = E$$

3章 群の定義といろいろな例

$$(B^{-1}A^{-1})(AB) = B^{-1}(A^{-1}A)B = B^{-1}EB = B^{-1}B = E$$

から,

$$(AB)^{-1} = B^{-1}A^{-1}$$

が導かれ, AB は逆元 $B^{-1}A^{-1}$ をもつことが分かる。これは, G は演算が閉じていることを意味する。

また, $\begin{pmatrix} 1 & 1 \\ 0 & 1 \end{pmatrix}$ と $\begin{pmatrix} 1 & 0 \\ 1 & 1 \end{pmatrix}$ は G の元で,

$$\begin{pmatrix} 1 & 1 \\ 0 & 1 \end{pmatrix}\begin{pmatrix} 1 & 0 \\ 1 & 1 \end{pmatrix} \neq \begin{pmatrix} 1 & 0 \\ 1 & 1 \end{pmatrix}\begin{pmatrix} 1 & 1 \\ 0 & 1 \end{pmatrix}$$

であるから, G は可換群ではない。

(7) 有理数全体の集合を $\boldsymbol{Q}$ として,

$$K = \{a + b\sqrt{2} \mid a, b \in \boldsymbol{Q}\}$$

$$G = K - \{0\}$$

とおくと, 数の集合 G は以下のようにして積・に関して可換群となることが分かる。G の任意の元

$$\alpha = a + b\sqrt{2}, \beta = c + d\sqrt{2} \quad (a, b, c, d \in \boldsymbol{Q})$$

に対し, $\alpha \neq 0$ かつ $\beta \neq 0$ のとき $\alpha\beta \neq 0$ であり, さらに

$$(a + b\sqrt{2})(c + d\sqrt{2}) = (ac + 2bd) + (ad + bc)\sqrt{2}$$

であるので, G は演算としての積が定義されている。そして, K において結合法則と交換法則はもちろん成り立つ。また,

$$1 = 1 + 0 \cdot \sqrt{2}$$

なので,G は単位元 1 をもつ。

残る最後は逆元の存在性であるが,G の元 $\alpha = a + b\sqrt{2}$ に対し,$a = b = 0$ ではないので,

$$\frac{1}{a + b\sqrt{2}} = \frac{a - b\sqrt{2}}{(a + b\sqrt{2})(a - b\sqrt{2})}$$

$$= \frac{a}{a^2 - 2b^2} - \frac{b}{a^2 - 2b^2}\sqrt{2}$$

となることから,α は逆元をもつことが分かる。

3.2　合同式と Z_m

料理をするにも材料が必要なように,何を組み立てるにも実際に存在するものが必要である。本節で紹介する Z_m は,いろいろな群を作るときにも欠かせない材料なのである。

最初に合同式を導入しよう。m を自然数,a と b を整数とする。$a - b$ が m の倍数のとき,a と b は m を法として合同であるといい,記法として

　　$a \equiv b \pmod{m}$

で表す。たとえば,

　　$17 \equiv 2 \pmod{5},\ -11 \equiv 4 \pmod{5}$

などが成り立つ。

次の定理は,合同式に関する基本的な性質をまとめたものである。

> **定理1**
>
> m を自然数,a,b,c,d を整数とするとき,以下が成り立つ。
>
> (1) $a \equiv a \pmod{m}$
>
> (2) $a \equiv b \pmod{m}$ ならば $b \equiv a \pmod{m}$
>
> (3) $a \equiv b \pmod{m}, b \equiv c \pmod{m}$ ならば $a \equiv c \pmod{m}$
>
> (4) $a \equiv b \pmod{m}, c \equiv d \pmod{m}$ ならば
>
> $\quad a + c \equiv b + d \pmod{m}, a - c \equiv b - d \pmod{m}$
>
> (5) $a \equiv b \pmod{m}, c \equiv d \pmod{m}$ ならば
>
> $\quad ac \equiv bd \pmod{m}$

証明 (1) と (2) は明らか ($a - a = 0$ は m の倍数。$a - b$ が m の倍数ならば,$b - a = -(a - b)$ も m の倍数)。

(3) について:

$$a - b = me, b - c = mf$$

となる整数 e, f がある。上式の辺々を加えると,

$$a - b + b - c = me + mf$$
$$a - c = m(e + f)$$

となるので,

$$a \equiv c \pmod{m}$$

が成り立つ。

(4) について:

$$a - b = me, c - d = mf$$

となる整数 e, f がある。上式の辺々を加えると,

$$a - b + c - d = me + mf$$
$$(a + c) - (b + d) = m(e + f)$$
となるので，
$$a + c \equiv b + d \pmod{m}$$
が成り立つ。同様にして，
$$a - c \equiv b - d \pmod{m}$$
も成り立つ。

(5) について：
$$a - b = me, \ c - d = mf$$
となる整数 e, f がある。
$$a = b + me, \ c = d + mf$$
であり，上式の辺々を掛けると，
$$ac = (b + me)(d + mf)$$
$$ac = bd + m(bf + de + mef)$$
となるので，
$$ac \equiv bd \pmod{m}$$
が成り立つ。　　　　　　　　　　　　　　　　(証明終わり)

次に，いろいろな数学的構造を組み立てるときに役立つ Z_m を導入しよう。とくに m が素数 p のとき，Z_p の世界は実数の世界と同様に四則演算が定められるので便利である。

m を2以上の整数とするとき，任意の整数 i に対し，
$$S_i = \{m \text{ を法として } i \text{ と合同な整数全体}\}$$
と定める。このとき，整数全体の集合 Z の m 個の部分集合
$$S_0 = \{m \text{ で割り切れる整数全体}\}$$

$S_1 = \{m で割って余り 1 の整数全体\}$

$S_2 = \{m で割って余り 2 の整数全体\}$

　　⋮

$S_{m-1} = \{m で割って余り m-1 の整数全体\}$

を考えると，$\mathbf{Z}$ は $S_0, S_1, S_2, \cdots, S_{m-1}$ の和集合となり，さらに $i \neq j\,(0 \leq i, j \leq m-1)$ のとき S_i と S_j の共通集合は空集合である。このようなとき，$\mathbf{Z}$ は $S_0, S_1, S_2, \cdots, S_{m-1}$ によって直和分割されるという。

例1 $m=5$ のとき，$\mathbf{Z}$ は

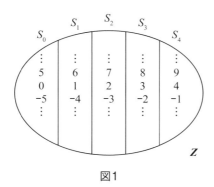

図1

$S_0 = \{\cdots, -10, -5, 0, 5, 10, \cdots\}$

$S_1 = \{\cdots, -9, -4, 1, 6, 11, \cdots\}$

$S_2 = \{\cdots, -8, -3, 2, 7, 12, \cdots\}$

$S_3 = \{\cdots, -7, -2, 3, 8, 13, \cdots\}$

$$S_4 = \{\cdots, -6, -1, 4, 9, 14, \cdots\}$$

によって直和分割される。

なお,
$$\cdots = S_{i-10} = S_{i-5} = S_i = S_{i+5} = S_{i+10} = \cdots \quad (*)$$
が成り立つ。

さて,
$$i \equiv i' \pmod{m},\ j \equiv j' \pmod{m}$$
を満たす任意の整数 i, i', j, j' に対し,定理1より

$i + j \equiv i' + j' \pmod{m}$ … ①

$i \cdot j \equiv i' \cdot j' \pmod{m}$ … ②

が成り立つ。そこで,$S_0, S_1, S_2, \cdots, S_{m-1}$ を元(要素)とする新たな集合

$$Z_m = \{S_0, S_1, S_2, \cdots, S_{m-1}\}$$

を考えると,以下のような演算 $\oplus, \otimes$ を Z_m に導入できる。

$S_i \oplus S_j = S_{i+j}$ … ③

$S_i \otimes S_j = S_{ij}$ … ④

なぜならば,(*)のように $S_0, S_1, S_2, \cdots, S_{m-1}$ の表し方はどれも1通りではないが,①と②により,$S_i = S_{i'},\ S_j = S_{j'}$ ならば

$$S_{i+j} = S_{i'+j'},\ S_{ij} = S_{i'j'}$$

が成り立つ。したがって,③と④のように定義して問題がない

3章 群の定義といろいろな例

のである。

例2 Z_5 において，$2+3$ および $2\cdot 3$ の5で割った余りに注目することにより，

$$S_2 \oplus S_3 = S_0, \quad S_2 \otimes S_3 = S_1$$

Z_7 において，$4+5$ および $4\cdot 5$ の7で割った余りに注目することにより，

$$S_4 \oplus S_5 = S_2, \quad S_4 \otimes S_5 = S_6$$

ここで，広く一般に用いられている記法を紹介しよう。Z_m の元 S_i を $\bar{i}$ で表し，Z_m における演算 $\oplus$，$\otimes$ をそれぞれ普通の和・積と同じ $+$，$\times$（$\cdot$）で表す。もちろん，$+$ と $\times$（$\cdot$）は実数 a, b の間で用いるものとは意味が違う。それらの記法によって例2を書き改めると，次のようになる。

Z_5 において，

$$\bar{2} + \bar{3} = \bar{0}, \quad \bar{2} \cdot \bar{3} = \bar{1}$$

Z_7 において，

$$\bar{4} + \bar{5} = \bar{2}, \quad \bar{4} \cdot \bar{5} = \bar{6}$$

次の定理は Z_m の性質をまとめたものである。

定理2

m を2以上の整数とすると，次の (1) から (9) が成り立つ。

(1) Z_m の任意の元 $\bar{i}, \bar{j}, \bar{h}$ について,
$$(\bar{i} + \bar{j}) + \bar{h} = \bar{i} + (\bar{j} + \bar{h})$$

(2) Z_m の任意の元 $\bar{i}$ について,
$$\bar{i} + \bar{0} = \bar{0} + \bar{i} = \bar{i}$$

(3) Z_m の任意の元 $\bar{i}$ に対し,
$$\bar{i} + \bar{j} = \bar{j} + \bar{i} = \bar{0}$$
となる Z_m の元 $\bar{j}$ がある。

(4) Z_m の任意の元 $\bar{i}, \bar{j}$ について,
$$\bar{i} + \bar{j} = \bar{j} + \bar{i}$$

(5) Z_m の任意の元 $\bar{i}, \bar{j}, \bar{h}$ について,
$$(\bar{i} \cdot \bar{j}) \cdot \bar{h} = \bar{i} \cdot (\bar{j} \cdot \bar{h})$$

(6) Z_m の任意の元 $\bar{i}$ について,
$$\bar{i} \cdot \bar{1} = \bar{1} \cdot \bar{i} = \bar{i}$$

(7) Z_m の任意の元 $\bar{i}, \bar{j}$ について,
$$\bar{i} \cdot \bar{j} = \bar{j} \cdot \bar{i}$$

(8) Z_m の任意の元 $\bar{i}, \bar{j}, \bar{h}$ について,
$$\bar{i} \cdot (\bar{j} + \bar{h}) = \bar{i} \cdot \bar{j} + \bar{i} \cdot \bar{h}$$
$$(\bar{i} + \bar{j}) \cdot \bar{h} = \bar{i} \cdot \bar{h} + \bar{j} \cdot \bar{h}$$

(9) とくに m が素数 p のとき,Z_p の $\bar{0}$ 以外の任意の元 $\bar{i}$ ($1 \leq i \leq p-1$) に対し,
$$\bar{i} \cdot \bar{j} = \bar{j} \cdot \bar{i} = \bar{1}$$
となる Z_p の元 $\bar{j}$ がある。

証明 (1) について:

$$(\bar{i} + \bar{j}) + \bar{h} = \overline{i+j} + \bar{h}$$
$$= \overline{i+j+h}$$
$$= \bar{i} + \overline{j+h}$$
$$= \bar{i} + (\bar{j} + \bar{h})$$

(2) について：
$$\bar{i} + \bar{0} = \overline{i+0} = \bar{i} = \overline{0+i} = \bar{0} + \bar{i}$$

(3) について：$\bar{j} = \overline{-i}$ とおくと，
$$\bar{i} + \bar{j} = \overline{i+(-i)} = \bar{0} = \overline{(-i)+i} = \bar{j} + \bar{i}$$

(4) について：
$$\bar{i} + \bar{j} = \overline{i+j} = \overline{j+i} = \bar{j} + \bar{i}$$

(5) について：
$$(\bar{i} \cdot \bar{j}) \cdot \bar{h} = \overline{i \cdot j} \cdot \bar{h} = \overline{ijh} = \bar{i} \cdot \overline{j \cdot h} = \bar{i} \cdot (\bar{j} \cdot \bar{h})$$

(6) について：
$$\bar{i} \cdot \bar{1} = \overline{i \cdot 1} = \bar{i} = \overline{1 \cdot i} = \bar{1} \cdot \bar{i}$$

(7) について：
$$\bar{i} \cdot \bar{j} = \overline{ij} = \overline{ji} = \bar{j} \cdot \bar{i}$$

(8) について：
$$\bar{i} \cdot (\bar{j} + \bar{h}) = \bar{i} \cdot \overline{j+h} = \overline{i(j+h)} = \overline{ij+ih} = \overline{ij} + \overline{ih}$$
$$= \bar{i} \cdot \bar{j} + \bar{i} \cdot \bar{h}$$

2つ目の式は (7) と上式を用いて，
$$(\bar{i} + \bar{j}) \cdot \bar{h} = \bar{h} \cdot (\bar{i} + \bar{j}) = \bar{h} \cdot \bar{i} + \bar{h} \cdot \bar{j} = \bar{i} \cdot \bar{h} + \bar{j} \cdot \bar{h}$$

(9) について：

$\bar{i} \cdot \bar{1}, \bar{i} \cdot \bar{2}, \cdots, \bar{i} \cdot \overline{p-1}$ はすべて Z_p の元である。また，$i \cdot 1, i \cdot 2, \cdots, i \cdot (p-1)$ のどれも p の倍数でないから，Z_p において $\bar{i} \cdot \bar{1}$,

$\overline{i}\cdot\overline{2},\cdots,\overline{i}\cdot\overline{p-1}$ はどれも $\overline{0}$ ではない。さらに，それらは互いに異なる Z_p の元になる。なぜならば，$1 \leq h < k \leq p-1$ となる h, k に対して

$$\overline{i}\cdot\overline{k} = \overline{i}\cdot\overline{h}$$

とすると，

$$\overline{ik} = \overline{ih}$$
$$ik - ih \equiv 0 \pmod{p}$$

となるので，

$$ik - ih = i(k-h)$$

は p の倍数となって，矛盾である。

したがって，$\overline{i}\cdot\overline{1}, \overline{i}\cdot\overline{2}, \cdots, \overline{i}\cdot\overline{p-1}$ はどれも $\overline{0}$ ではなく，それらは異なる $p-1$ 個の元となるので，Z_p の部分集合

$$\{\overline{i}\cdot\overline{1}, \overline{i}\cdot\overline{2}, \cdots, \overline{i}\cdot\overline{p-1}\}$$

は，Z_p の部分集合

$$\{\overline{1}, \overline{2}, \cdots, \overline{p-1}\}$$

と一致する。よって，

$$\overline{i}\cdot\overline{j} = \overline{1}$$

となる Z_p の元 $\overline{j}$ が存在することになる。　　　　（証明終わり）

なお記法であるが，(3) における $\overline{j}$ を $-\overline{i}$ で，(9) における $\overline{j}$ を $(\overline{i})^{-1}$ で表す。また一般に，$\overline{x} + (-\overline{y})$ を $\overline{x} - \overline{y}$ で表す。

例3　かつて用いられていた10桁のISBN記号（International Standard Book Number Code）は，次の仕組みであった。

途中にあるハイフンを無視すれば，

ISBN $a_1 a_2 a_3 a_4 a_5 a_6 a_7 a_8 a_9 a_{10}$

という形をしており，$\overline{a_1}, \overline{a_2}, \cdots, \overline{a_9}$ は Z_{11} の $\overline{10}$ 以外の元であって，$\overline{a_{10}}$ は Z_{11} の元である。ただし $a_{10} = \text{X}$ と書くのは，$\overline{a_{10}} = \overline{10}$ のことである。

そして，Z_{11} において次の計算式を満たしている。

$$\overline{1}\cdot\overline{a_1} + \overline{2}\cdot\overline{a_2} + \overline{3}\cdot\overline{a_3} + \cdots + \overline{10}\cdot\overline{a_{10}} = \overline{0}$$

たとえば拙著『数学的思考法』（講談社現代新書）の ISBN 記号

ISBN4-06-149786-3

で確かめると，

$$\overline{1}\cdot\overline{4} + \overline{2}\cdot\overline{0} + \overline{3}\cdot\overline{6} + \overline{4}\cdot\overline{1} + \overline{5}\cdot\overline{4} + \overline{6}\cdot\overline{9} + \overline{7}\cdot\overline{7} + \overline{8}\cdot\overline{8} + \overline{9}\cdot\overline{6} + \overline{10}\cdot\overline{3} = \overline{4} + \overline{0} + \overline{7} + \overline{4} + \overline{9} + \overline{10} + \overline{5} + \overline{9} + \overline{10} + \overline{8} = \overline{0}$$

となる。

本章の最後に，体(たい)の定義を述べておこう。2つ以上の元をもつ集合 K に2つの演算 $+$ と $\cdot$ が定義されていて次の条件を満たすとき，K を体という。

（i）K は $+$ に関して加法群である。この零元を普通 0 で表す。

（ii）$K - \{0\}$ は $\cdot$ に関して可換群である。この単位元を普通 1 で表す。

（iii）K は分配法則を満たす。すなわち，K の任意の元 a, b, c に対して

$$a(b+c) = ab+ac, (a+b)c = ac+bc$$

が成り立つ。

 明らかに $\boldsymbol{C}, \boldsymbol{R}, \boldsymbol{Q}$ は体であるが,それらを順に複素数体,実数体,有理数体という。また定理2より,p が素数のとき,Z_p は体である。Z_p において,$\bar{0}$ が+に関する零元で,$\bar{1}$ が $Z_p - \{\bar{0}\}$ に関する単位元である。

 とくに Z_p のように,有限個の元からなる体を有限体という。有限体の位数(元の個数)は素数べき p^e(p:素数,$e \geq 1$)であり,また任意の素数べき p^e に対し,位数が p^e の有限体は構造としてただ1つ存在する(永尾汎著『代数学』(朝倉書店)参照)。6章3節で指摘するラテン方陣の完全直交系につながっている話である。

4章

いろいろな対象の自己同型群

4.1 自己同型群の意味

はじめに，2章3節で述べたことから，正n角形$(n \geq 3)$の合同変換全体が作る二面体群Gは位数$2n$の群である。これを普通，正n角形の合同変換群というが，正n角形の自己同型群ともいう。

また，正多面体に関しても合同変換全体は群になる。これを普通，正多面体の合同変換群というが，正多面体の自己同型群ともいう。

とくに，2章3節で説明したことから，正四面体，正六体，正八面体，正十二面体，正二十面体の合同変換群の位数は，それぞれ$12, 24, 24, 60, 60$である。

次に，2章2節の定理1に述べたことから，15ゲームが完成するための必要十分条件は，開始時（右下空白）から終了時（右下空白）を見た

$T = \{1, 2, 3, \cdots, 15\}$

上の置換が偶置換であることであった。

すなわち15ゲームにおいては，右下空白の状態から右下空白の状態への移動可能なもの全体はT上の交代群A_{15}である。このことを，15ゲームの自己同型群はA_{15}であるという。

上で見たように，自己同型群という言葉は個々の数学的構造で定めるものであるが，個々の対象をそれ自身へ移す移動全体が群になるとき，それを指していうのである。

本章では以後，いくつかのゲームの自己同型群について説明

4章 いろいろな対象の自己同型群

しよう。

4.2 駐車場移動問題

図1の（ア）の形をした駐車場に14台の車①，②，③，…，⑭が入っている。正方形1つには，車は1台しか入らないとする。この条件のもとで車を上手に移動すれば，（ア）を（イ）のように置き換えることができる。その理由を，本ゲームの自己同型群を決定することによって述べよう。

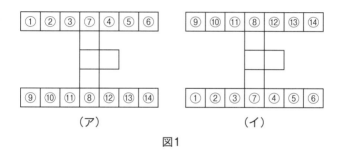

図1

（ア）において中央にある4つの正方形を補助として一時的に利用すれば，①と②だけの取り替え，②と③だけの取り替え，③と④だけの取り替え，…，⑬と⑭だけの取り替え，それらすべてができる。たとえば①と②だけの取り替えは，図2のように行えばよい。また⑥と⑦だけの取り換えは，図3のように行えばよい。

93

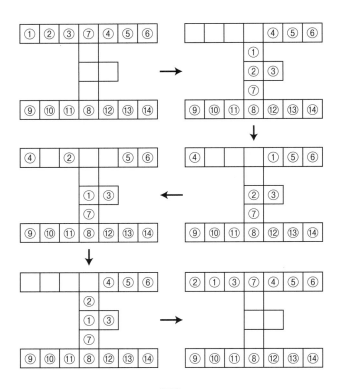

図2

4章 いろいろな対象の自己同型群

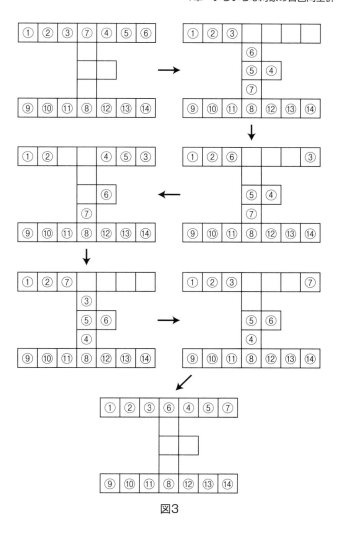

図3

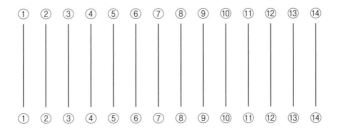

図4

　次に,図4のようなあみだくじの原形を考える。あみだくじに横線を書き入れるということは,隣同士のものを取り替えることと同じである。上で説明したことによって,図4に横線はどこでも自由に書き入れることができる。そこで,1章2節の定理1で示したあみだくじの性質により,上段と下段の駐車スペース14ヵ所の集合 Ω 内で,車を置き換えて入れることが可能な移動全体が作る自己同型群は,Ω 上の対称群 S_{14} になる。

　したがって,図1の(ア)から(イ)への移動も可能である。

4.3　マジック S_{10}

　マジック S_{10} とは,東京理科大学勤務時代に作った世に1つしかない図1のようなゲームである。図2のように,赤道上で等間隔に埋めてある6個の小球を回転させることができ,球面上でそれと直交する2つの小円周上でも,それぞれ等間隔に埋

4章　いろいろな対象の自己同型群

めてある4個の小球を回転させることができる。ただし図2のように，小円周と赤道が交叉するところでは，2個の小球はそれら2つの周上を乗り移ることができる。そのように，合計10個の小球があり，それらの色はすべて異なる。

図1　マジックS_{10}

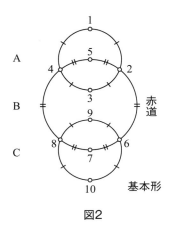

図2

　図2では,上から円周をA,B(赤道),Cと名付けてあり,また10個の小球に1から10までの番号を付けてある。図2の状態を基本形と呼ぶことにしよう。

　基本形の状態からAを時計回りに90°動かすことにより,1は2があった場所,2は3があった場所,3は4があった場所,4は1があった場所に,それぞれ同時に移る。また,基本形の状態からBを時計回りに60°動かすことにより,図3の状態になる。

4章 いろいろな対象の自己同型群

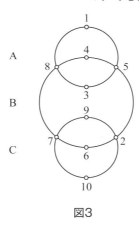

図3

このようにA, B, Cを動かすことにより，10個の小球はいろいろな場所に移動する。その状態からA, B, Cを適当に動かすことによって，基本形に戻すゲームである。これは交叉する場所で小球が思うように動かなくなることもあって，よく出来たゲームとはいえない。しかし訪ねてきた学生は結構楽しく遊ぶので，私としては世に1つしかないこのゲームに満足している。

このゲームは，あみだくじの辿り着く先と同じように，$\Omega = \{1, 2, 3, \cdots, 10\}$上の任意の置換 σ に対し，A, B, Cを適当に動かすことによって，1を基本形で $\sigma(1)$ がある場所に，2を基本形で $\sigma(2)$ がある場所に，…，10を基本形で $\sigma(10)$ がある場所に，それぞれ同時に移すことができる。

したがって，マジック S_{10} の自己同型群は Ω 上の対称群 S_{10}

になる。以下，詳しい説明は省略するが，強いヒントを紹介しておこう。

実はマジック S_{10} を作る前に，私は紙上で次の移動を基本形から行うと，互換（4　5）に相当する移動（4と5以外の小球は元に戻る）になることを見付けた。ただし，a はAを時計回りに90°動かすことで，b はBを時計回りに60°動かすことである。

　　a を3回 → b → a → b を2回 → a → b を2回 → a → b → a

なお a を3回は，Aを時計と反対回りに90°動かすことである。実際，基本形で互換（4　5）に相当する移動は，いろいろな方法がある。しかし上記の移動を

　　①→②→③→④→⑤→⑥→⑦→⑧→⑨

と見なすと，9手で互換（4　5）ができると考えられる。この9手が最短の手数であることを，当時のゼミナール生がパソコンで確認したことを懐かしく思い出すのである。

4．4　15ゲームの拡張

はじめに，15ゲームは図1のように表すことができる。線の上を通って小チップ①, ②, ③, …, ⑮を移動させるゲームと考える。ただし，白丸の中には1つの小チップしか入ることができないとし，線の上で小チップが止まることは認めないのである。

4章　いろいろな対象の自己同型群

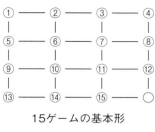

15ゲームの基本形

図1

　図1を変形したゲームはいろいろ考えられるが，ここでは図2，図3をそれぞれ基本形とする紙で簡単に作って遊べるゲームを紹介しよう。

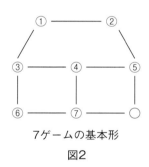

7ゲームの基本形

図2

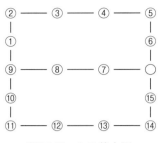

新15ゲームの基本形

図3

　図2の7ゲームは，右下を空白にして①, ②, ③, ④, ⑤, ⑥, ⑦をどこにおいても基本形に戻せるが，15ゲームより少し難しくなるものが半分ある。③, ④, ⑤, ⑥, ⑦を基本形と同じ状態に戻したとき，①と②が基本形と同じで完成となるか，①と②が基本形と逆になるかのどちらかである。

　後者の図4を基本形に戻すことが15ゲームより少し難しいのである。速い人で1分，遅い人でも20分ぐらいあれば完成するので，その方法を述べないで読者の皆様に問題として残しておくことにしよう。

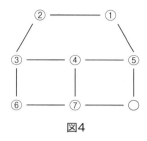

図4

7ゲームの自己同型群は，7文字上の対称群 S_7 になる。

図3の新15ゲームは1999年に考案したもので，ネット上でも「New 15 Puzzle by Mitsuo Yoshizawa」と入力すると誰でも気軽に楽しめるようになっているが，7ゲームと比べるとかなり難しくなる。

これも15ゲームと同じく，完成するものと完成しないものが半々ずつあり，自己同型群は15文字上の交代群 A_{15} になる（証明省略）。

5章 群と置換群の基本的性質

5.1 剰余類とその応用

本章では，群と置換群の基本的な性質について解説しよう。

小学校の児童を全体として見るだけでなく，学年別に見ることによって様々な特徴を見出すことがある。群や置換群も剰余類というものによって分けて考えると，いろいろな特徴を見出すことができ，ここからが本格的な群論に入ると言えよう。

S, T を群 G の部分集合，a を G の元とするとき，

$$Sa = \{xa \mid x \in S\}, \quad aS = \{ax \mid x \in S\}$$
$$ST = \{xy \mid x \in S, \ y \in T\}$$

とおく。

群 G の部分群 H と G の元 g に対し，

$$Hg = \{hg \mid h \in H\}$$
$$gH = \{gh \mid h \in H\}$$

をそれぞれ G における H の左剰余類，G における H の右剰余類という。それらを合わせて，単に剰余類と呼ぶこともある。なお，左と右の扱いは本によって異なることもあるので，注意していただきたい。

もちろん，H の任意の元 h に対し

$$Hh = H, \quad hH = H$$

となる。なぜならば，その h と H の任意の元 x に対し，

$$x = x(h^{-1}h) = (xh^{-1})h \in Hh$$
$$x = (hh^{-1})x = h(h^{-1}x) \in hH$$

が成り立つからである。それゆえ，H 自身も一つの左（右）剰

余類である。

e を G の単位元, g を G の任意の元とすると, e は H の元であるから

　　　$Hg \ni eg = g$, $gH \ni ge = g$

である。よって, 左剰余類 Hg ($g \in G$) を全部合わせると, あるいは右剰余類 gH ($g \in G$) を全部合わせると, G と一致する。

さらに, 任意の左剰余類 Hx, Hy に対し ($x, y \in G$),

　　　$Hx = Hy$ または $Hx \cap Hy = \phi$ （空集合）

が成り立つ。なぜならば,

　　　$Hx \cap Hy \neq \phi$

とすると,

　　　$h_1 x = h_2 y$

となる H の元 h_1, h_2 がある。このとき,

　　　$H(h_1 x) = H(h_2 y)$

　　　$(Hh_1) x = (Hh_2) y$

　　　$Hx = Hy$

が成り立つからである。

同様にして, 任意の右剰余類 xH, yH に対し ($x, y \in G$),

　　　$xH = yH$ または $xH \cap yH = \phi$

が成り立つ。

以上から, 次の条件 (i), (ii) を満たす G の部分集合 $\{x_i \mid i \in I\}$ がある。ここで I は, 適当な添え字の集合である。

(i) G は左剰余類 Hx_i ($i \in I$) を合わせたものになる（G は Hx_i ($i \in I$) の和集合）。

(ii) 添え字の集合 I の相異なる任意の 2 元 i, i' に対して, Hx_i と $Hx_{i'}$ の共通集合は空集合である。

同様に, 次の条件 (i'), (ii') を満たす G の部分集合 $\{x_j | j \in J\}$ がある。ここで J は, 適当な添え字の集合である。

(i') G は右剰余類 $x_j H \, (j \in J)$ を合わせたものになる (G は $x_j H$ $(j \in J)$ の和集合)。

(ii') 添え字の集合 J の相異なる任意の 2 元 j, j' に対して, $x_j H$ と $x_{j'} H$ の共通集合は空集合である。

例 1 剰余類

(1) 2 章 3 節定理 1 の証明より, $n \geq 3$ のとき $\Omega = \{1, 2, \cdots, n\}$ 上の n 次対称群 S_n と n 次交代群 A_n について, g を $S_n - A_n$ の元とすると,

$$S_n = A_n \cup A_n g$$
$$A_n \cap A_n g = \phi$$

が成り立つ。

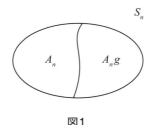

図 1

(2) 整数全体の集合 $\boldsymbol{Z}$ を加法群と見るとき,2以上の整数 m に対し,m の倍数の集合 $m\boldsymbol{Z}$ は $\boldsymbol{Z}$ の部分群とみなせる。このとき,

$$\boldsymbol{Z} = m\boldsymbol{Z} \cup (m\boldsymbol{Z}+1) \cup (m\boldsymbol{Z}+2) \cup \cdots \cup (m\boldsymbol{Z}+m-1)$$

$$(m\boldsymbol{Z}+i) \cap (m\boldsymbol{Z}+j) = \phi \quad (0 \leq i < j \leq m-1)$$

が成り立つ。なお,整数 h $(0 \leq h \leq m-1)$ について

$m\boldsymbol{Z} + h = m$ で割って余り h の整数全体の集合

である。

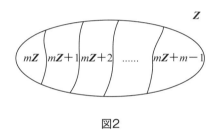

図2

(3) $\Omega = \{1,2,3\}$ 上の対称群 S^{Ω} とその部分群 $H = \{e$(恒等置換$), (1\,2)\}$ について,

$H \circ (1\,2\,3) = \{(1\,2\,3), (2\,3)\}$

$H \circ (1\,3\,2) = \{(1\,3\,2), (1\,3)\}$

となるので,

$S^{\Omega} = H \cup (H \circ (1\,2\,3)) \cup (H \circ (1\,3\,2))$

$H \cap (H \circ (1\,2\,3)) = \phi$

$H \cap (H \circ (1\,3\,2)) = \phi$

$$(H \circ (1\,2\,3)) \cap (H \circ (1\,3\,2)) = \phi$$
が成り立つ。

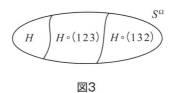

図3

(4) G を $\Omega = \{1,2,3,4\}$ 上の対称群，H を $\Omega = \{1,2,3\}$ 上の対称群とすると，

$H = \{e, (1\,2), (1\,3), (2\,3), (1\,2\,3), (1\,3\,2)\}$

は G の部分群とみなせる（H の各元は 4 を固定）。

$H \circ (1\,4) = \{(1\,4), (1\,4\,2), (1\,4\,3), (1\,4)(2\,3), (1\,4\,2\,3),$
$\qquad\qquad\qquad (1\,4\,3\,2)\}$

$H \circ (2\,4) = \{(2\,4), (1\,2\,4), (1\,3)(2\,4), (2\,4\,3), (1\,2\,4\,3),$
$\qquad\qquad\qquad (1\,3\,2\,4)\}$

$H \circ (3\,4) = \{(3\,4), (1\,2)(3\,4), (1\,3\,4), (2\,3\,4), (1\,2\,3\,4),$
$\qquad\qquad\qquad (1\,3\,4\,2)\}$

となるので，

$G = H \cup (H \circ (1\,4)) \cup (H \circ (2\,4)) \cup (H \circ (3\,4))$

$H \cap (H \circ (1\,4)) = \phi, \ H \cap (H \circ (2\,4)) = \phi,$

$H \cap (H \circ (3\,4)) = \phi$

$(H \circ (1\,4)) \cap (H \circ (2\,4)) = \phi$

$(H \circ (1\,4)) \cap (H \circ (3\,4)) = \phi$

$(H \circ (2\,4)) \cap (H \circ (3\,4)) = \phi$

が成り立つ。

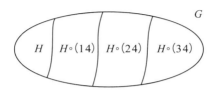

図4

(5) G を $\Omega = \{1,2,3,4\}$ 上の交代群,H を

$H = \{e, (1\,2)(3\,4), (1\,3)(2\,4), (1\,4)(2\,3)\}$

で与えられる G の部分群とする。

$H \circ (1\,2\,3) = \{(1\,2\,3), (2\,4\,3), (1\,4\,2), (1\,3\,4)\}$

$H \circ (1\,2\,4) = \{(1\,2\,4), (2\,3\,4), (1\,4\,3), (1\,3\,2)\}$

となるので,

$G = H \cup (H \circ (1\,2\,3)) \cup (H \circ (1\,2\,4))$

$H \cap (H \circ (1\,2\,3)) = \phi$, $H \cap (H \circ (1\,2\,4)) = \phi$

$(H \circ (1\,2\,3)) \cap (H \circ (1\,2\,4)) = \phi$

が成り立つ。

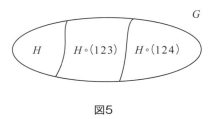

図5

(6) 複素数全体の集合 C を加法群と見るとき,その部分群である実数全体の集合 R の左剰余類全体からなる集合は,

$$\{\{R + r\sqrt{-1}\} | r \in R\}$$

である。もちろん、相違なる任意の実数 r, r' に対し,

$$(R + r\sqrt{-1}) \cap (R + r'\sqrt{-1}) = \phi$$

である。

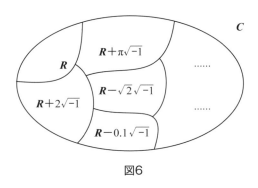

図6

上で述べてきたように,群 G における部分群 H の左(右)

剰余類全体を合わせると G と一致し，左（右）剰余類同士は互いに一致するか共通集合は空集合である。

一般に，集合 S と S のいくつかの部分集合 T_i ($i \in I$) があって（I は添え字の集合）以下の条件を満たすとき，S は T_i ($i \in I$) 全部の直和であるという。

S は T_i ($i \in I$) 全部の和集合であって，相異なる任意の $i, j \in I$ に対し，

$$T_i \cap T_j = \phi$$

が成り立つ。

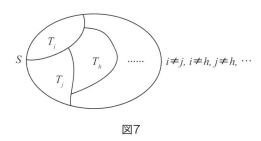

図7

そこで，群 G は部分群 H の左（右）剰余類全体の直和であるといえる。

とくに G が有限群のとき，部分群 H の相異なる左剰余類全体を Hx_i ($i = 1, 2, \cdots, u$) とし，相異なる右剰余類全体を $y_j H$ ($j = 1, 2, \cdots, v$) とすると，

$$|H| = |Hx_1| = |Hx_2| = \cdots = |Hx_u|$$
$$|H| = |y_1 H| = |y_2 H| = \cdots = |y_v H|$$

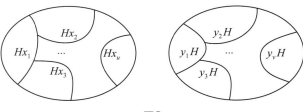

図8

が成り立つ。

よって $u = v$ となるので，G が有限群のとき，G における H の左（右）剰余類全体の個数を左右の違いに無関係な $|G:H|$ で表すことにする。

さて，一般に群 G と G の元 a に対し，
$$<a> = \{\cdots, a^{-3} = (a^{-1})^3, a^{-2} = (a^{-1})^2, a^{-1}, e, a, a^2, a^3, \cdots\}$$
とおくと，$<a>$ は G の部分群である。これを a で生成される巡回群，あるいは a で生成される G の巡回部分群という。また，$<a>$ の位数（元の個数）を $|a|$ で表し，a の位数ともいう。とくに $|a| = n$ のとき，
$$<a> = \{e, a, a^2, \cdots, a^{n-1}\}, \ a^n = e \ \text{である。}$$

例2 $\Omega = \{1, 2, 3, 4, 5, 6, 7\}$ 上の7次対称群 S_7 の元
$$a = (1\ 2\ 3\ 4)(5\ 6\ 7)$$
について，
$$a^2 = (1\ 3)(2\ 4)(5\ 7\ 6)$$
$$a^3 = (1\ 4\ 3\ 2)$$

$$a^4 = (5\ 6\ 7)$$
$$a^5 = (1\ 2\ 3\ 4)(5\ 7\ 6)$$
$$a^6 = (1\ 3)(2\ 4)$$
$$a^7 = (1\ 4\ 3\ 2)(5\ 6\ 7)$$
$$a^8 = (5\ 7\ 6)$$
$$a^9 = (1\ 2\ 3\ 4)$$
$$a^{10} = (1\ 3)(2\ 4)(5\ 6\ 7)$$
$$a^{11} = (1\ 4\ 3\ 2)(5\ 7\ 6)$$
$$a^{12} = e$$

となるので，a の位数は12である。

上で述べてきたことから，次の基本的な定理を得る。

定理 1（ラグランジュ）

有限群 G とその部分群 H に対して，

$$|G| = |G:H| \cdot |H|$$

が成り立つ。とくに G の任意の元 a に対して，$|a|$ は $|G|$ の約数となり，

$a^{|G|} = e$（単位元）が成り立つ。

証明 前半は既に述べたことである。後半は，

$$|G| = |G:<a>| \cdot |a|$$

であって，

$$a^{|G|} = (a^{|a|})^{|G:<a>|} = e^{|G:<a>|} = e$$

である。

次に述べる定理 2 は, 定理 1 の置換群への応用として重要である。その前に, 新たな言葉や記号を準備しよう。

集合 Ω 上の置換群 G と Ω の任意の元 α に対して,
$$G_\alpha = \{g \in G | g(\alpha) = \alpha\}, \ G(\alpha) = \{g(\alpha) | g \in G\}$$
とおく。明らかに G の単位元 e は G_α の元であり, G_α の任意の元 g, h に対し,
$$g \circ h(\alpha) = g(h(\alpha)) = g(\alpha) = \alpha$$
$$g^{-1}(\alpha) = g^{-1}(g(\alpha)) = e(\alpha) = \alpha$$
である。よって, G_α は G の部分群となる。これを G における α の固定部分群という。

定理2

有限集合群 Ω 上の置換群 G と Ω 上の任意の元 α に対して,
$$|G| = |G(\alpha)| \cdot |G_\alpha|$$
が成り立つ。

証明 定理 1 より
$$|G| = |G : G_\alpha| \cdot |G_\alpha|$$
を得る。ここで, G の任意の元 g, h に対して
$$g(\alpha) = h(\alpha) \Leftrightarrow h^{-1}g(\alpha) = h^{-1}h(\alpha)$$
$$\Leftrightarrow h^{-1}g(\alpha) = \alpha$$
$$\Leftrightarrow h^{-1}g \in G_\alpha$$
$$\Leftrightarrow g \in hG_\alpha$$

5章　群と置換群の基本的性質

$$\Leftrightarrow gG_\alpha = hG_\alpha$$

が成り立つので，

$|G(\alpha)| = G$ における G_α の右剰余数全体の個数

$|G(\alpha)| = |G:G_\alpha|$

を得る。よって，定理2の結論が成り立つ。　　　（証明終わり）

例3　(1) 2章3節の後半で述べたように，正 n 角形の一つの頂点を α として，次数 n の二面体群を G とすると，

$|G(\alpha)| = n, |G_\alpha| = 2$

であるので，$|G| = 2n$ が確かめられる。

(2) 次の G は，$\Omega = \{1, 2, 3, 4, 5, 6, 7\}$ 上の置換群である。

$$G = \left\{ \begin{array}{l} e, (1\,2), (1\,3), (2\,3), (1\,2\,3), (1\,3\,2), \\ (6\,7), (1\,2) \circ (6\,7), (1\,3) \circ (6\,7), (2\,3) \circ (6\,7), \\ (1\,2\,3) \circ (6\,7), (1\,3\,2) \circ (6\,7) \end{array} \right\}$$

$|G(2)| = |\{1, 2, 3\}| = 3$

$|G_2| = |\{e, (1\,3), (6\,7), (1\,3) \circ (6\,7)\}| = 4$

であるので，$|G| = 12$ が確かめられる。

5.2　正規部分群と剰余群

G を群，H を G の部分群とするとき，G のすべての元 g に対し，

左剰余類 $Hg = $ 右剰余類 gH 　　　…（Ⅰ）

が成り立つとき，H を G の正規部分群という。

群をその正規部分群で割ったイメージをもつ剰余群という概

念によって，重要な働きをする群を新たに作ることができる。本節の目標は，この剰余群を導入することである。

なお（Ⅰ）式は，次の（Ⅱ）式あるいは（Ⅲ）式に取り替えても同じことである。

$$g^{-1}Hg = H \cdots (Ⅱ)$$
$$gHg^{-1} = H \cdots (Ⅲ)$$

もしGが可換群，HがGの部分群ならば，Gのすべての元gとHのすべての元hに対し

$$hg = gh$$

が成り立ち，それゆえ

$$Hg = gH$$

となるので，HはGの正規部分群である。

群Gにおいて，単位元eだけからなる単位群$\{e\}$とG自身はGの正規部分群であり，それらを自明な正規部分群という。群Gが自明でない正規部分群をもたないとき，Gを単純群という。$n \geq 5$のとき交代群A_nは単純群であり，これについては本節の最後に証明しよう。

例1 素数位数の群Gは単純群であることを証明しよう。

Gの位数をpとし，Gの単位元eと異なる元aをとると，前節の定理1よりaで生成された巡回群$<a>$の位数はpの約数である。ここで$<a>$の位数は2以上なので，$<a>$の位数はp，それゆえ$G = <a>$でなければならない。これは，Gの単位群でない部分群はG自身であることを意味しているので，G

が自明でない正規部分群をもつことはない。

例2 Gを$\{1,2,3,4\}$上の対称群,Nを
$$N = \{e, (1\ 2)(3\ 4), (1\ 3)(2\ 4), (1\ 4)(2\ 3)\}$$
で与えられるGの部分群とする。このとき,NはGの正規部分群である。

例3 $\Omega = \{1, 2, \cdots, n\}$上の$n$次交代群$A_n$は,$\Omega$上の$n$次対称群$S_n$の正規部分群である。

例2,例3を説明するために,ここで次の定理1,定理2を証明しよう。

定理1

集合Ω上の長さtの巡回置換$(\alpha_1\ \alpha_2\ \alpha_3\ \cdots\ \alpha_t)$と$\Omega$上の任意の置換$g$に対し,
$$g(\alpha_1\ \alpha_2\ \alpha_3\ \cdots\ \alpha_t)g^{-1}$$
$$= (g(\alpha_1), g(\alpha_2), g(\alpha_3), \cdots, g(\alpha_t))$$
が成り立つ。

証明

$$g(\alpha_1\ \alpha_2\ \alpha_3\ \cdots\ \alpha_t)g^{-1}(g(\alpha_i)) = g(\alpha_1\ \alpha_2\ \alpha_3\ \cdots\ \alpha_t)(\alpha_i)$$
$$\begin{cases} = g(\alpha_{i+1})\ (i \leq t-1) \\ = g(\alpha_1)\ (i = t) \end{cases}$$

である。一方,$\Omega - \{g(\alpha_1), g(\alpha_2), \cdots, g(\alpha_t)\}$の任意の元

$g(\beta)$ に対し,すなわち $\Omega - \{\alpha_1, \alpha_2, \cdots, \alpha_t\}$ の任意の元 β に対し,

$$g(\alpha_1 \alpha_2 \cdots \alpha_t) g^{-1}(g(\beta)) = g(\alpha_1 \alpha_2 \cdots \alpha_t)(\beta)$$
$$= g(\beta)$$

である。 (証明終わり)

> **定理2**
>
> 群 G の部分群 H が,G のすべての元 g について
> $g^{-1} H g \subseteq H$
> を満たすならば,H は G の正規部分群である。

証明 G の任意の元 g に対し,g^{-1} も G の元なので,仮定より

　　$(g^{-1})^{-1} H g^{-1} \subseteq H$

　　$g H g^{-1} \subseteq H$

となる。よって,

　　$g^{-1}(g H g^{-1}) g \subseteq g^{-1} H g$

　　$H \subseteq g^{-1} H g$

となる。したがって,上式と仮定から

　　$g^{-1} H g = H$

が成り立つので(一般に集合 A, B について,$A \subseteq B$ かつ $B \subseteq A \Rightarrow A = B$),本節の最初に注意した(Ⅱ)より,$H$ は G の正規部分群である。 (証明終わり)

なお,定理2の主張文中の $g^{-1} H g \subseteq H$ を $g H g^{-1} \subseteq H$ に替えても同じ結論が成り立つ。

例2の説明 G の元のうち,

$$(\alpha\ \beta)(\gamma\ \delta) \quad (\{\alpha, \beta, \gamma, \delta\} = \{1, 2, 3, 4\})$$

という形をした元はすべて N の元である。また定理1より, G の任意の元 g と N の任意の元 $(\alpha\ \beta)(\gamma\ \delta)$ に対し,

$$g(\alpha\ \beta)(\gamma\ \delta)g^{-1} = (g(\alpha\ \beta)g^{-1})(g(\gamma\ \delta)g^{-1})$$
$$= (g(\alpha)\ g(\beta))(g(\gamma)\ g(\delta))$$

$$\{g(\alpha), g(\beta), g(\gamma), g(\delta)\} = \{1, 2, 3, 4\}$$

が成り立つので, $g(\alpha\ \beta)(\gamma\ \delta)g^{-1}$ は N の元である。よって

$$gNg^{-1} \subseteq N$$

となるので, 定理2より N は G の正規部分群である。

例3の説明 S_n の任意の元 g と A_n の任意の元

$$x = (\alpha_1\ \beta_1)(\alpha_2\ \beta_2) \cdots (\alpha_t\ \beta_t)$$

に対し (t:偶数), 例2の説明を参考にして定理1を用いると

$$gxg^{-1}$$
$$= (g(\alpha_1)\ g(\beta_1))(g(\alpha_2)\ g(\beta_2)) \cdots (g(\alpha_t)\ g(\beta_t))$$

を得るので, gxg^{-1} は偶置換である。よって,

$$gA_ng^{-1} \subseteq A_n$$

が成り立つので, 定理2より A_n は S_n の正規部分群である。

さて, H が群 G の正規部分群であるとき, G における H の左剰余類全体からなる集合と右剰余類全体からなる集合は同じである。そして G の任意の元 x, y に対して,

$$(Hx)(Hy) = H(xH)y = H(Hx)y = (Hx)y = H(xy)$$

となる。

これから，任意の剰余類 $Hx = Hx'$ と $Hy = Hy'$ に対して $Hxy = Hx'y'$，すなわち剰余類 Hxy が一意的に定まることを意味している。この演算によって剰余類全体からなる集合は群になることが以下のように分かり，これを G の正規部分群 H による剰余群といい，記法として G/H で表す。

G の任意の元 x, y, z に対し，

$$((Hx)(Hy))(Hz) = (Hxy)(Hz) = Hxyz$$
$$(Hx)((Hy)(Hz)) = (Hx)(Hyz) = Hxyz$$

であるから結合法則が成り立つ。

G の任意の元 x に対し，

$$H(Hx) = Hx$$
$$(Hx)H = (xH)H = xH = Hx$$

であるから，H が単位元になる。

G の任意の元 x に対し，

$$(Hx)(Hx^{-1}) = Hxx^{-1} = H$$
$$(Hx^{-1})(Hx) = Hx^{-1}x = H$$

であるから，Hx^{-1} は Hx の逆元になる。

ここで剰余群の例を挙げるために，3章1節で取り上げた群

$$G = \left\{ A = \begin{pmatrix} a\ b \\ c\ d \end{pmatrix} \mid a, b, c, d \in \mathbf{R}, A は逆行列をもつ \right\}$$

を考えよう（$\mathbf{R}$ は実数体）。この群は一般に $GL(2, \mathbf{R})$ と書いて，$\mathbf{R}$ 上の2次一般線形群と呼ぶ。

3章1節で注意したように，

$$\text{行列}\begin{pmatrix} s & t \\ u & v \end{pmatrix}\text{が逆行列をもつ} \Leftrightarrow sv - tu \neq 0$$

が成り立つ。そこで一般に2行2列の行列 $X = \begin{pmatrix} a & b \\ c & d \end{pmatrix}$ に対して，X の行列式 $|X|$ というものを，

$$|X| = ad - bc$$

によって定める。既に線形代数学を学んだことのある読者にとっては特殊な場合に過ぎないが，一応次の定理を証明する。

定理3

任意の2行2列の行列 X, Y に対し，

$$|XY| = |X| \cdot |Y|$$

が成り立つ。

証明

$$X = \begin{pmatrix} a & b \\ c & d \end{pmatrix}, Y = \begin{pmatrix} s & t \\ u & v \end{pmatrix}$$

とおくと，

$$\begin{aligned}
|XY| &= \left|\begin{pmatrix} as + bu & at + bv \\ cs + du & ct + dv \end{pmatrix}\right| \\
&= (as + bu)(ct + dv) - (at + bv)(cs + du) \\
&= asct + asdv + buct + budv \\
&\quad - atcs - atdu - bvcs - bvdu \\
&= adsv - adtu - bcsv + bctu
\end{aligned}$$

$$= (ad - bc)(sv - tu)$$
$$= |X| \cdot |Y|$$

が成り立つ。 (証明終わり)

上の定理を用いることによって,

$$SL(2, \boldsymbol{R}) = \{A \mid A \in GL(2, \boldsymbol{R}), |A| = 1\}$$

は $GL(2, \boldsymbol{R})$ の正規部分群であることが以下のようにして分かる。

$SL(2, \boldsymbol{R})$ の任意の元 A, B について,

$$|AB| = |A| \cdot |B| = 1 \cdot 1 = 1$$

であるから, $SL(2, \boldsymbol{R})$ では演算としての行列の積は閉じている。

$SL(2, \boldsymbol{R})$ で結合法則が成り立つのは明らか。

$$\left| \begin{pmatrix} 1 & 0 \\ 0 & 1 \end{pmatrix} \right| = 1$$

であるので, 単位行列 E は $SL(2, \boldsymbol{R})$ の元である。

$$\left| \begin{pmatrix} a & b \\ c & d \end{pmatrix} \right| = ad - bc = 1$$

のとき,

$$\left| \begin{pmatrix} a & b \\ c & d \end{pmatrix}^{-1} \right| = \left| \frac{1}{ad-bc} \begin{pmatrix} d & -b \\ -c & a \end{pmatrix} \right| = \left| \begin{pmatrix} d & -b \\ -c & a \end{pmatrix} \right|$$

$$= ad - bc = 1$$

であるので, $SL(2, \boldsymbol{R})$ の各元は逆元を $SL(2, \boldsymbol{R})$ にもつ。

さらに, $GL(2, \boldsymbol{R})$ の任意の元 X と $SL(2, \boldsymbol{R})$ の任意の元 A

5章 群と置換群の基本的性質

に対して,
$$|X^{-1}AX| = |X^{-1}|\cdot|A|\cdot|X|$$
$$= |X^{-1}|\cdot|X|$$
$$= |X^{-1}X| = 1$$

であるから, $X^{-1}AX$ は $SL(2,\boldsymbol{R})$ の元である。よって定理2より, $SL(2,\boldsymbol{R})$ は $GL(2,\boldsymbol{R})$ の正規部分群となる。

$SL(2,\boldsymbol{R})$ を $\boldsymbol{R}$ 上の2次特殊線形群というが, 次節で述べる内容は, $GL(2,\boldsymbol{R})$ の $SL(2,\boldsymbol{R})$ による剰余群

$$GL(2,\boldsymbol{R})\,/\,SL(2,\boldsymbol{R})$$

はどのような群になるか, という疑問にも答えるものである。

本節の最後に証明する次の定理は, ガロア理論において5次方程式が一般には解けないことを示す本質となるものであるが, 定理の証明を含めて後で用いるものではない。しかし, 証明の論法は置換群を学ぶ上で大切なものである。その準備と復習を兼ねて, 一つの用語を紹介しよう。

Ω が有限集合のとき, Ω 上の任意の置換 f は, 作用する Ω の元に共通するものがない巡回置換をいくつか合成して表される。

たとえば,

$$f = \begin{pmatrix} 1\,2\,3\,4\,5\,6\,7\,8\,9 \\ 5\,9\,6\,7\,3\,1\,4\,2\,8 \end{pmatrix}$$

のとき,

$$f = (1\,5\,3\,6)\circ(2\,9\,8)\circ(4\,7)$$

となり，$\{1,5,3,6\}$と$\{2,9,8\}$と$\{4,7\}$は互いに共通集合が空集合である。

実際 Ω の元 α に対し，$\alpha, f(\alpha), f(f(\alpha)), f(f(f(\alpha))), \cdots$ を考えていくと，α に戻るときが必ず来る。それは Ω が有限集合であり，また置換の性質から図1のような状況は起こらないからである。

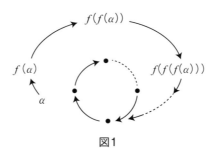

図1

そのように Ω 上の置換 f を，作用する Ω の元に共通するものがない巡回置換いくつかの合成として表すとき，それを f の巡回置換分解という。もちろん，この表示は本質的に1通りである。

定理4

$n \geq 5$ のとき，$\Omega = \{1, 2, \cdots, n\}$ 上の交代群 A_n は単純群である。

証明 まず2章2節の定理1の証明はいくつかのステップに分けてあるが，そのStep 4は，1つの実現可能な巡回置換 $(11\ 15\ 12)$ の存在から長さ3のすべての巡回置換 $(a\ b\ c)$ が実現可能であることを述べている。またStep 5は，すべての偶置換はいくつかの長さ3の巡回置換の合成として表されることを述べている。

上記を参考にして，本節の定理4の証明を述べよう。N を単位群とは異なる A_n の正規部分群とする。N が長さ3の巡回置換を1つもつ，たとえば $(1\ 2\ 3)$ をもつとする。このとき，Ω の相異なる任意の3つの元 α, β, γ に対し，

$f(\alpha) = 1,\ f(\beta) = 2,\ f(\gamma) = 3$

となる置換 f は S_n にある。もし，その f が奇置換ならば，

$(4\ 5) \circ f$

を改めて f とおけば，f は偶置換としてよいことになる。このとき，

$f^{-1}(1\ 2\ 3)f = (\alpha\ \beta\ \gamma) \in N$

となるので，N はすべての長さ3の巡回置換をもつことになる。

いま上で述べたことは，N が少なくとも1つの長さ3の巡回置換をもてば，N は A_n と一致することを意味している。そこで以下，g を単位元とは異なる N の元とするとき，N は長さ3の巡回置換を少なくとも1つもつことを，いくつかの場合に分けて示そう。

Case1 g の巡回置換分解で,長さ 4 以上の巡回置換 $(\alpha_1 \alpha_2 \cdots \alpha_{t-3} \alpha_{t-2} \alpha_{t-1} \alpha_t)$ をもつ場合。

A_n には長さ 3 の巡回置換

$$f = (\alpha_{t-2} \alpha_{t-1} \alpha_t)$$

がある。fgf^{-1} と g^{-1} はともに N の元であるから,$g^{-1}(fgf^{-1})$ も N の元である。また,f も g も

$$\Gamma = \{\alpha_1, \alpha_2, \cdots, \alpha_{t-3}, \alpha_{t-2}, \alpha_{t-1}, \alpha_t\}$$

上の置換を引き起こしており,$\Omega - \Gamma$ 上では fgf^{-1} と g^{-1} は互いに逆置換の関係である。したがって $g^{-1}(fgf^{-1})$ は,$\Omega - \Gamma$ 上では恒等置換である。

一方,Γ 上では,定理1を用いて

$g^{-1}(fgf^{-1})$
$= g^{-1} \circ (f(\alpha_1) f(\alpha_2) \cdots f(\alpha_{t-3}) f(\alpha_{t-2}) f(\alpha_{t-1}) f(\alpha_t))$
$= g^{-1} \circ (\alpha_1 \alpha_2 \cdots \alpha_{t-3} \alpha_{t-1} \alpha_t \alpha_{t-2})$
$= (\alpha_{t-3} \alpha_{t-2} \alpha_t)$

を得る。

Case2 g の巡回置換分解で,少なくとも 2 つの長さ 3 の巡回置換 $(\alpha_1 \alpha_2 \alpha_3)$ と $(\beta_1 \beta_2 \beta_3)$ をもつ場合。

A_n には長さ 3 の巡回置換

$$f = (\alpha_3 \beta_1 \beta_2)$$

がある。Case1 の場合と同じように考えると,$g^{-1}(fgf^{-1})$ は $\Omega - \{\alpha_1, \alpha_2, \alpha_3, \beta_1, \beta_2, \beta_3\}$ 上では恒等置換で,$\{\alpha_1, \alpha_2, \alpha_3, \beta_1, \beta_2, \beta_3\}$ 上では

5章 群と置換群の基本的性質

$$g^{-1}(fgf^{-1})$$
$$= g^{-1} \circ \{f(\alpha_1\ \alpha_2\ \alpha_3)f^{-1}\} \circ \{f(\beta_1\ \beta_2\ \beta_3)f^{-1}\}$$
$$= g^{-1} \circ (f(\alpha_1)f(\alpha_2)f(\alpha_3)) \circ$$
$$\quad (f(\beta_1)f(\beta_2)f(\beta_3))$$
$$= g^{-1}(\alpha_1\ \alpha_2\ \beta_1)(\beta_2\ \alpha_3\ \beta_3)$$
$$= (\alpha_2\ \beta_3\ \beta_1\ \alpha_3\ \beta_2)$$

となるので，Case1 の場合に帰着される．

Case3 g の巡回置換分解は，1つだけの長さ3の巡回置換 $(\alpha\ \beta\ \gamma)$ といくつかの互換からなる場合．
$$g^4 = (\alpha\ \beta\ \gamma) \in N$$
となる．

Case4 g の巡回置換分解は，いくつかの互換からなる場合．

N の元 g は A_n の元でもあるので，
$$g = (\alpha_1\ \beta_1)(\alpha_2\ \beta_2)\cdots(\alpha_t\ \beta_t) \quad (t: 偶数)$$
と表せる．

$t \geq 4$ のとき，A_n には長さ3の巡回置換
$$f = (\alpha_1\ \alpha_2\ \alpha_3)$$
がある．Case1 や Case2 の場合と同じように考えると，
$$g^{-1}(fgf^{-1}) = \{(\alpha_1\ \beta_1)(\alpha_2\ \beta_2)(\alpha_3\ \beta_3)\}$$
$$\qquad \circ \{(\alpha_2\ \beta_1)(\alpha_3\ \beta_2)(\alpha_1\ \beta_3)\}$$
$$= (\alpha_1\ \alpha_3\ \alpha_2)(\beta_1\ \beta_2\ \beta_3)$$

となって，Case2 の場合に帰着される．

$t=2$ のとき,$\Omega - \{\alpha_1, \beta_1, \alpha_2, \beta_2\}$ の元 γ をとると,A_n には長さ3の巡回置換

$$f = (\alpha_1\ \alpha_2\ \gamma)$$

がある。Case1 や Case2 の場合と同じように考えると,

$$g^{-1}(fgf^{-1}) = \{(\alpha_1\ \beta_1)(\alpha_2\ \beta_2)\} \circ \{(\alpha_2\ \beta_1)(\gamma\ \beta_2)\}$$
$$= (\alpha_1\ \beta_1\ \beta_2\ \gamma\ \alpha_2)$$

となって,Case1 の場合に帰着される。

以上から,定理4は証明されたことになる。

5.3　準同型写像と同型写像

前節で導入した剰余群の概念を用いた定理のうち,最もよく利用されるものに「準同型定理」というものがある。異なる三角形同士であっても相似になることがあるように,異なる群同士であっても準同型定理を通して見ると,似たもの同士の関係に見える場合がある。

G_1 は演算・に関して群になり,G_2 は演算 $*$ に関して群になるとする。このとき G_1 から G_2 への写像 f が,

$$f(x \cdot y) = f(x) * f(y)$$

を G_1 の任意の元 x, y に対して満たすとき,f を G_1 から G_2 への準同型写像という。

G_1 の単位元を e_1,G_2 の単位元を e_2 とするとき,

$$f(e_1) * f(e_1) = f(e_1 \cdot e_1) = f(e_1)$$

が成り立つので,

$$(f(e_1))^{-1} * f(e_1) * f(e_1) = (f(e_1))^{-1} * f(e_1)$$

$$f(e_1) = e_2 \qquad \cdots (\text{I})$$

を得る。また G_1 の任意の元 x に対して,

$$f(x) * f(x^{-1}) = f(x \cdot x^{-1}) = f(e_1) = e_2$$

となるので,

$$(f(x))^{-1} = f(x^{-1}) \qquad \cdots (\text{II})$$

を得る。

言葉の定義であるが,f による G_1 の像 $f(G_1)$ を $\mathrm{Im} f$ で表し,f による e_2 の逆像

$$f^{-1}(e_2) = \{x \in G_1 | f(x) = e_2\}$$

を $\mathrm{Ker} f$ で表し,これを f の核という。

|| **定理 1** ||

f が群 G_1 から群 G_2 への準同型写像のとき,$\mathrm{Im} f$ は G_2 の部分群で,$\mathrm{Ker} f$ は G_1 の正規部分群である。

証明 $e_1, e_2, \cdot, *$ は上で述べたものとする。

$\mathrm{Im} f$ の任意の元 $f(x), f(y)$ に対し (x, y は G_1 の元),

$$f(x) * f(y) = f(x \cdot y)$$

であるから,$\mathrm{Im} f$ は演算が閉じている。

また,$\mathrm{Im} f$ は G_2 の部分集合であるから,結合法則は成り立ち,(I)より $\mathrm{Im} f$ は単位元 e_2 をもち,(II)より $\mathrm{Im} f$ の各元は逆元をもつ。以上より,$\mathrm{Im} f$ は G_2 の部分群である。

次に,$\mathrm{Ker} f$ の任意の元 x, y に対し

$$f(x \cdot y) = f(x) * f(y) = e_2 * e_2 = e_2$$

であるから，$x \cdot y$ は $\mathrm{Ker} f$ の元になる。

また，$\mathrm{Ker} f$ は G_1 の部分集合であるから結合法則は成り立ち，（Ⅰ）より $\mathrm{Ker} f$ は単位元 e_1 をもつ。

さらに，$\mathrm{Ker} f$ の任意の元 x に対し，

$$f(x) * f(x^{-1}) = f(e_1) = e_2$$
$$e_2 * f(x^{-1}) = e_2$$
$$f(x^{-1}) = e_2$$

であるから，x^{-1} は $\mathrm{Ker} f$ の元になる。

以上から，$\mathrm{Ker} f$ は G_1 の部分群になる。そして以下のことより，$\mathrm{Ker} f$ は G_1 の正規部分群になる。

$\mathrm{Ker} f$ の任意の元 x と G_1 の任意の元 g に対し，

$$f(g^{-1} \cdot x \cdot g) = f(g^{-1}) * f(x) * f(g)$$
$$= (f(g))^{-1} * e_2 * f(g) = e_2$$

が成り立つので，

$$g^{-1} \cdot \mathrm{Ker} f \cdot g \subseteq \mathrm{Ker} f$$

を得る。したがって，本章2節の定理2より $\mathrm{Ker} f$ は G_1 の正規部分群となる。 （証明終わり）

群 G_1 から群 G_2 への準同型写像 f が全単射であるとき，f を G_1 から G_2 の上への同型写像という。このとき，G_1 と G_2 は同型であるといい，記法として $G_1 \cong G_2$ で表す。

例1 次の3つの群 G_1, G_2, G_3 は互いに同型である。

（ア）$G_1 = \{1, -1, \sqrt{-1}, -\sqrt{-1}\}$ （演算は積）

（イ）G_2 は $\Omega = \{1, 2, 3, 4\}$ 上の置換群 $\{e, (1\,2\,3\,4), (1\,3)(2\,4),$

(1 4 3 2)}

(ウ) $G_3 = \left\{ \begin{pmatrix} 0 & -1 \\ 1 & 0 \end{pmatrix}, \begin{pmatrix} -1 & 0 \\ 0 & -1 \end{pmatrix}, \begin{pmatrix} 0 & 1 \\ -1 & 0 \end{pmatrix}, \begin{pmatrix} 1 & 0 \\ 0 & 1 \end{pmatrix} \right\}$

(演算は行列の積)

G_1, G_2, G_3 は,それぞれ $\sqrt{-1}$, (1 2 3 4), $\begin{pmatrix} 0 & -1 \\ 1 & 0 \end{pmatrix}$ で生成される位数4の巡回群であるので,それらは互いに同型である。

例2 N は群 G の正規部分群とする。群 G から剰余群 G/N への写像 f を,G の各元 x に対し

$$f(x) = Nx$$

によって定める。これによって,f は G から G/N の上への準同型写像となり,$\mathrm{Ker}\, f = N$ となる。実際,G の任意の元 x, y に対し,

$$f(x \cdot y) = N(x \cdot y) = (Nx)(Ny) = f(x) \cdot f(y)$$

となる。さらに,

$$f(x) = N \Leftrightarrow Nx = N \Leftrightarrow x \in N$$

であるので,$\mathrm{Ker}\, f = N$ を得る。

次の定理はとくに重要なものである。

定理2(準同型定理)

φ を群 G_1 から群 G_2 への準同型写像とすると,

$$G_1 / \mathrm{Ker}\, \varphi \cong \mathrm{Im}\, \varphi$$

が成り立つ。

証明 G_1 の任意の元 g と $\operatorname{Ker}\varphi$ の任意の元 x に対して,
$$\varphi(xg) = \varphi(x)\,\varphi(g) = \varphi(g) \in \operatorname{Im}\varphi$$
が成り立つので,$G_1/\operatorname{Ker}\varphi$ の各元 $(\operatorname{Ker}\varphi)g$ を $\varphi(g)$ に対応させる $G_1/\operatorname{Ker}\varphi$ から $\operatorname{Im}\varphi$ の上への写像 $\overline{\varphi}$ が定義できる。

$G_1/\operatorname{Ker}\varphi$ の任意の元 $(\operatorname{Ker}\varphi)x, (\operatorname{Ker}\varphi)y$ に対して $(x, y \in G_1)$,

$\overline{\varphi}((\operatorname{Ker}\varphi)x \cdot (\operatorname{Ker}\varphi)y)$
$= \overline{\varphi}((\operatorname{Ker}\varphi)xy)$
$= \varphi(xy)$
$= \varphi(x)\,\varphi(y) = \overline{\varphi}((\operatorname{Ker}\varphi)x)\,\overline{\varphi}((\operatorname{Ker}\varphi)y)$

となるので,$\overline{\varphi}$ は準同型写像である。

また,$G_1/\operatorname{Ker}\varphi$ の任意の元 $(\operatorname{Ker}\varphi)x, (\operatorname{Ker}\varphi)y$ に対して
$$\overline{\varphi}((\operatorname{Ker}\varphi)x) = \overline{\varphi}((\operatorname{Ker}\varphi)y)$$
とすると,
$$\varphi(x) = \varphi(y)$$
であるので,G_1 と G_2 の単位元をそれぞれ e_1, e_2 とおけば,
$$\varphi(xy^{-1}) = \varphi(x)\,\varphi(y^{-1}) = \varphi(y)\,\varphi(y^{-1})$$
$$= \varphi(yy^{-1}) = \varphi(e_1) = e_2$$
が成り立つ。よって

$xy^{-1} \in \operatorname{Ker}\varphi$
$x \in (\operatorname{Ker}\varphi)y$
$(\operatorname{Ker}\varphi)x = (\operatorname{Ker}\varphi)y$

が成り立つ。したがって $\overline{\varphi}$ は単射となるので,$\overline{\varphi}$ は $G_1/\operatorname{Ker}\varphi$ から $\operatorname{Im}\varphi$ の上への同型写像となる。(証明終わり)

例3 $GL(2, \boldsymbol{R})$ の各元 A をその行列式 $|A|$ に対応させる写像を φ とすると,φ は $GL(2, \boldsymbol{R})$ から $\boldsymbol{R}^* = \boldsymbol{R} - \{0\}$ への写像である。0でない任意の実数 α に対し,

$$\begin{vmatrix} \alpha & 0 \\ 0 & 1 \end{vmatrix} = \alpha$$

であるから,φ は $GL(2, \boldsymbol{R})$ から $\boldsymbol{R}^*$ の上への写像である。

ここで,$\boldsymbol{R}^*$ は積に関して群であり,$GL(2, \boldsymbol{R})$ の任意の元 A, B に対し,

$$|AB| = |A| \cdot |B|$$

であるから,φ は群 $GL(2, \boldsymbol{R})$ から群 $\boldsymbol{R}^*$ の上への準同型写像となる($\boldsymbol{R}^*$ の演算は積)。また

$$\mathrm{Ker}\,\varphi = \{A \in GL(2, \boldsymbol{R}) \mid |A| = 1\} = SL(2, \boldsymbol{R})$$

であるので,定理2より

$$GL(2, \boldsymbol{R}) / SL(2, \boldsymbol{R}) \cong \boldsymbol{R}^*$$

を得る。

本節では,今までに群として同型の意味を学んだ。本節の最後に,置換群として同型の意味を学ぼう。

集合 Ω_1 上の置換群 G_1 と集合 Ω_2 上の置換群 G_2 に対して,Ω_1 から Ω_2 の上への1対1写像 φ があって以下の条件を満たすとき,G_1 と G_2 は置換群として同型であるという。

G_1 から G_2 の上への群としての同型写像 f があって,Ω_1 の元 α, β と G_1 の元 g について,

$$g(\alpha) = \beta \Leftrightarrow f(g)(\varphi(\alpha)) = \varphi(\beta)$$

が成り立つ。

例4

(1)

$$G_1 = \{(1\,2\,3), (1\,3\,2), (1\,2), (1\,3), (2\,3), e_1\},$$
$$G_2 = \{(ア\,イ\,ウ), (ア\,ウ\,イ), (ア\,イ), (ア\,ウ), (イ\,ウ), e_2\}$$
$$e_1 = \begin{pmatrix} 1\,2\,3 \\ 1\,2\,3 \end{pmatrix}, e_2 = \begin{pmatrix} ア\,イ\,ウ \\ ア\,イ\,ウ \end{pmatrix}$$

とおくと、G_1 と G_2 はそれぞれ

$$\Omega_1 = \{1, 2, 3\}, \quad \Omega_2 = \{ア, イ, ウ\}$$

上の置換群である。また、

$$\varphi(1) = ア, \varphi(2) = イ, \varphi(3) = ウ,$$
$$f((1\,2\,3)) = (ア\,イ\,ウ), f((1\,3\,2)) = (ア\,ウ\,イ),$$
$$f((1\,2)) = (ア\,イ), f((1\,3)) = (ア\,ウ),$$
$$f((2\,3)) = (イ\,ウ), f(e_1) = e_2$$

とおくと、f は G_1 から G_2 の上への群としての同型写像であり、そして G_1 と G_2 は置換群として同型になる。

(2)

$$G_1 = \left\{ \begin{array}{l} (1\,2\,3\,4\,5\,6), (1\,3\,5) \circ (2\,4\,6), (1\,4) \circ (2\,5) \circ (3\,6), \\ (1\,5\,3) \circ (2\,6\,4), (1\,6\,5\,4\,3\,2), e_1 \end{array} \right\}$$

$$G_2 = \left\{ \begin{array}{l} (1\,2\,3) \circ (4\,5), (1\,3\,2), (4\,5), \\ (1\,2\,3), (1\,3\,2) \circ (4\,5), e_2 \end{array} \right\}$$

$$e_1 = \begin{pmatrix} 1\,2\,3\,4\,5\,6 \\ 1\,2\,3\,4\,5\,6 \end{pmatrix}, \quad e_2 = \begin{pmatrix} 1\,2\,3\,4\,5 \\ 1\,2\,3\,4\,5 \end{pmatrix}$$

とおくと，G_1 と G_2 はそれぞれ

$\Omega_1 = \{1, 2, 3, 4, 5, 6\}, \quad \Omega_2 = \{1, 2, 3, 4, 5\}$

上の置換群である。また，

$f((1\,2\,3\,4\,5\,6)) = (1\,2\,3) \circ (4\,5)$,

$f((1\,3\,5) \circ (2\,4\,6)) = (1\,3\,2)$,

$f((1\,4) \circ (2\,5) \circ (3\,6)) = (4\,5)$,

$f((1\,5\,3) \circ (2\,6\,4)) = (1\,2\,3)$,

$f((1\,6\,5\,4\,3\,2)) = (1\,3\,2) \circ (4\,5), \quad f(e_1) = e_2$

とおくと，f は G_1 から G_2 の上への同型写像である。よって，G_1 と G_2 は群として同型であるが，置換群としては同型でない。それは，Ω_1 は6個の元からなる集合で，Ω_2 は5個の元からなる集合なので，Ω_1 から Ω_2 の上への1対1写像 φ は存在しないからである。

上で述べたように，置換群として同型ならば群としても同型であるが，この逆は一般には成り立たない。ただ，次の定理は留意しておきたいものである。

定理3

任意の群 G はある置換群に同型である。

証明 $\Omega = G$ とおく。いま G の任意の元 g に対し，Ω 上の置換 $\bar{g}$ を次のように定める。

Ω 上の任意の元 w に対し，

$\bar{g}(w) = gw$

なお gw は，G の元 g と w を演算させたものである。

$$\overline{G} = \{\overline{g} | g \in G\}$$

とおくと，$\overline{G}$ は S^{Ω} の部分集合である。ここで，G の任意の元 g を $\overline{G}$ の元 $\overline{g}$ に対応させる写像 φ は，明らかに G から $\overline{G}$ への全単射になる。

$\overline{G}$ の任意の元 $\overline{g}, \overline{h}$ ($g, h \in G$) と Ω のすべての元 w に対し，

$$\overline{g} * \overline{h}(w) = \overline{g}(\overline{h}(w))$$

によって $\overline{G}$ での演算 $*$ を定めると，$\overline{g} * \overline{h}$ は Ω 上の置換 $\overline{h}$ と $\overline{g}$ の合成なのであるから，$\overline{G}$ は $*$ に関して結合法則が成り立つ。

また，G の単位元 e に対し $\overline{e}$ は $\overline{G}$ の単位元であり，G の任意の元 g に対し $\overline{g^{-1}}$ は $\overline{G}$ における $\overline{g}$ の逆元である。

以上から，$\overline{G}$ は $*$ に関して群となる。

さらに，$\overline{G}$ の任意の元 $\overline{g}, \overline{h}$ ($g, h \in G$) と Ω のすべての元 w に対し，

$$\overline{g}(\overline{h}(w)) = \overline{g}(hw) = g(hw) = (gh)w = \overline{gh}(w)$$

となるから，

$$\varphi(g) * \varphi(h) = \varphi(gh)$$

が成り立ち，φ は G から $\overline{G}$ への同型写像になる。(証明終わり)

6章
オイラーとラテン方陣

6.1 2次元ベクトル空間 $(Z_p)^2$ の
自己同型群としての $GL(2, Z_p)$

体としての性質のみを使って実数体 $\boldsymbol{R}$ から作ることができる群があれば,体としての性質のみを使って有限体 Z_p から新たな群を作ることができると考えるのは自然であろう。

5章2節で導入した2次一般線形群 $GL(2, \boldsymbol{R})$ の扱う数の範囲は,実数全体の集合 $\boldsymbol{R}$ であった。もし,$\boldsymbol{R}$ を有限体 Z_p に代えた2行2列の行列全体の世界を考えるとどうなるだろうか。

およそ $GL(2, \boldsymbol{R})$ における演算を考えるとき,行列の積や逆行列を求める計算において,行列の成分同士の計算は,3章2節で述べた体の性質を超えるものは何もないのである。

したがって,$GL(2, \boldsymbol{R})$ の $\boldsymbol{R}$ を Z_p に代えた Z_p 上の2次一般線形群 $GL(2, Z_p)$ というものを,$GL(2, \boldsymbol{R})$ と同じように考えることができる。たとえば,$p = 5$ のとき,

$$\begin{pmatrix} 2 & 1 \\ 2 & 3 \end{pmatrix}^{-1} = \frac{1}{2 \cdot 3 - 1 \cdot 2} \begin{pmatrix} 3 & -1 \\ -2 & 2 \end{pmatrix}$$

$$= \frac{1}{4} \begin{pmatrix} 3 & 4 \\ 3 & 2 \end{pmatrix}$$

$$= 4 \begin{pmatrix} 3 & 4 \\ 3 & 2 \end{pmatrix}$$

$$= \begin{pmatrix} 2 & 1 \\ 2 & 3 \end{pmatrix}$$

を得る。実際,

6章　オイラーとラテン方陣

$$\begin{pmatrix} 2 & 1 \\ 2 & 3 \end{pmatrix} \begin{pmatrix} 2 & 1 \\ 2 & 3 \end{pmatrix} = \begin{pmatrix} 4+2 & 2+3 \\ 4+1 & 2+4 \end{pmatrix} = \begin{pmatrix} 1 & 0 \\ 0 & 1 \end{pmatrix}$$

さて，α と β を実数とする2次元ベクトル

$$\begin{pmatrix} \alpha \\ \beta \end{pmatrix}$$

全体からなる集合を $\boldsymbol{R}^2$ と書き，以下の2つの演算を定めて $\boldsymbol{R}$ 上の2次元ベクトル空間という。$\boldsymbol{R}^2$ において，

$$\begin{pmatrix} \alpha \\ \beta \end{pmatrix} + \begin{pmatrix} \gamma \\ \delta \end{pmatrix} = \begin{pmatrix} \alpha+\gamma \\ \beta+\delta \end{pmatrix}, \quad \alpha \begin{pmatrix} \beta \\ \gamma \end{pmatrix} = \begin{pmatrix} \alpha\beta \\ \alpha\gamma \end{pmatrix}$$

のように和，スカラー倍が定義される。

$\boldsymbol{R}^2$ の $\alpha = \beta = 0$ でない一つの2次元ベクトル

$$\begin{pmatrix} \alpha \\ \beta \end{pmatrix}$$

に対し，

$$\left\{ \gamma \begin{pmatrix} \alpha \\ \beta \end{pmatrix} \mid \gamma \in \boldsymbol{R} \right\}$$

の形で表される $\boldsymbol{R}^2$ の部分集合を，$\boldsymbol{R}^2$ の1次元部分空間という。

$\boldsymbol{R}$ 上の一つの（固定した）2行2列の行列

$$A = \begin{pmatrix} a & b \\ c & d \end{pmatrix}$$

に対し，$\boldsymbol{R}^2$ から $\boldsymbol{R}^2$ への写像を

$$\begin{pmatrix} a & b \\ c & d \end{pmatrix} \begin{pmatrix} x \\ y \end{pmatrix} = \begin{pmatrix} ax+by \\ cx+dy \end{pmatrix}$$

によって定める。

とくに A が逆行列をもつとき,この写像は $\mathbf{R}^2$ から $\mathbf{R}^2$ への全単射となる。なぜならば,

$$A \begin{pmatrix} x \\ y \end{pmatrix} = A \begin{pmatrix} x' \\ y' \end{pmatrix}$$

として,上式の左から A^{-1} を掛けると,

$$A^{-1} A \begin{pmatrix} x \\ y \end{pmatrix} = A^{-1} A \begin{pmatrix} x' \\ y' \end{pmatrix} \cdots (*)$$

$$\begin{pmatrix} x \\ y \end{pmatrix} = \begin{pmatrix} x' \\ y' \end{pmatrix}$$

となるので,この写像は単射である。なお,厳密には(*)において結合法則を用いているが,3章1節で指摘した行列の積に関する結合法則と同じことである。

また,$\mathbf{R}^2$ の任意の元

$$\begin{pmatrix} \alpha \\ \beta \end{pmatrix}$$

に対し,

$$A^{-1} \begin{pmatrix} \alpha \\ \beta \end{pmatrix} = \begin{pmatrix} \gamma \\ \delta \end{pmatrix}$$

とおくと,

$$A \begin{pmatrix} \gamma \\ \delta \end{pmatrix} = A A^{-1} \begin{pmatrix} \alpha \\ \beta \end{pmatrix} = \begin{pmatrix} \alpha \\ \beta \end{pmatrix}$$

となるので,この写像は全射である。

一方,A を一般の2行2列の行列として,

$$A\left(\begin{pmatrix}u\\v\end{pmatrix}+\begin{pmatrix}x\\y\end{pmatrix}\right)$$

$$=\begin{pmatrix}a&b\\c&d\end{pmatrix}\begin{pmatrix}u+x\\v+y\end{pmatrix}=\begin{pmatrix}a(u+x)+b(v+y)\\c(u+x)+d(v+y)\end{pmatrix}$$

$$A\begin{pmatrix}u\\v\end{pmatrix}+A\begin{pmatrix}x\\y\end{pmatrix}=\begin{pmatrix}a&b\\c&d\end{pmatrix}\begin{pmatrix}u\\v\end{pmatrix}+\begin{pmatrix}a&b\\c&d\end{pmatrix}\begin{pmatrix}x\\y\end{pmatrix}$$

$$=\begin{pmatrix}au+bv+ax+by\\cu+dv+cx+dy\end{pmatrix}$$

$$A\left(\alpha\begin{pmatrix}x\\y\end{pmatrix}\right)=\begin{pmatrix}a&b\\c&d\end{pmatrix}\begin{pmatrix}\alpha x\\\alpha y\end{pmatrix}=\begin{pmatrix}a\alpha x+b\alpha y\\c\alpha x+d\alpha y\end{pmatrix}$$

$$\alpha\left(A\begin{pmatrix}x\\y\end{pmatrix}\right)=\alpha\left(\begin{pmatrix}a&b\\c&d\end{pmatrix}\begin{pmatrix}x\\y\end{pmatrix}\right)=\alpha\begin{pmatrix}ax+by\\cx+dy\end{pmatrix}$$

であるので,

$$A\left(\begin{pmatrix}u\\v\end{pmatrix}+\begin{pmatrix}x\\y\end{pmatrix}\right)=A\begin{pmatrix}u\\v\end{pmatrix}+A\begin{pmatrix}x\\y\end{pmatrix}$$

$$A\left(\alpha\begin{pmatrix}x\\y\end{pmatrix}\right)=\alpha\left(A\begin{pmatrix}x\\y\end{pmatrix}\right)$$

が成り立つ。

　いま,和とスカラー倍の2つの演算が定義されている2次元ベクトル空間 $\boldsymbol{R}^2$ 上の自己同型写像 f を,次の条件を満たす $\boldsymbol{R}^2$ から $\boldsymbol{R}^2$ への全単射と定める。$\boldsymbol{R}^2$ の任意の元

$$\begin{pmatrix}u\\v\end{pmatrix},\begin{pmatrix}x\\y\end{pmatrix}$$

と $\boldsymbol{R}$ の任意の元 α に対し,

$$f\left(\begin{pmatrix}u\\v\end{pmatrix} + \begin{pmatrix}x\\y\end{pmatrix}\right) = f\begin{pmatrix}u\\v\end{pmatrix} + f\begin{pmatrix}x\\y\end{pmatrix}$$

$$f\left(\alpha\begin{pmatrix}x\\y\end{pmatrix}\right) = \alpha f\left(\begin{pmatrix}x\\y\end{pmatrix}\right)$$

が成り立つ。

そこで,逆行列をもつ一つの行列

$$A = \begin{pmatrix}a & b\\c & d\end{pmatrix}$$

を $\boldsymbol{R}^2$ の各元に左から掛ける作用は,2次元ベクトル空間 $\boldsymbol{R}^2$ 上の自己同型写像となる。

ここで,$\boldsymbol{R}^2$ の1次元部分空間

$$\left\{\gamma\begin{pmatrix}\alpha\\\beta\end{pmatrix} \mid \gamma \in \boldsymbol{R}\right\}$$

について,

$$A\left(\gamma\begin{pmatrix}\alpha\\\beta\end{pmatrix}\right) = \gamma\begin{pmatrix}a & b\\c & d\end{pmatrix}\begin{pmatrix}\alpha\\\beta\end{pmatrix} = \gamma\begin{pmatrix}a\alpha+b\beta\\c\alpha+d\beta\end{pmatrix}$$

であるので,この作用によって,$\boldsymbol{R}^2$ の1次元部分空間

$$\left\{\gamma\begin{pmatrix}\alpha\\\beta\end{pmatrix} \mid \gamma \in \boldsymbol{R}\right\}$$

は $\boldsymbol{R}^2$ の1次元部分空間

$$\left\{\gamma\begin{pmatrix}a\alpha+b\beta\\c\alpha+d\beta\end{pmatrix} \mid \gamma \in \boldsymbol{R}\right\}$$

に移されることになる。

一方,fを2次元ベクトル空間$\boldsymbol{R}^2$上の任意の自己同型写像とするとき,

$$f\left(\begin{pmatrix}1\\0\end{pmatrix}\right) = \begin{pmatrix}a\\c\end{pmatrix}, f\left(\begin{pmatrix}0\\1\end{pmatrix}\right) = \begin{pmatrix}b\\d\end{pmatrix}$$

とおく。このとき

$$A = \begin{pmatrix}a & b\\c & d\end{pmatrix}$$

とおくと,任意の2次元ベクトル

$$\begin{pmatrix}x\\y\end{pmatrix}$$

について,

$$\begin{aligned}f\left(\begin{pmatrix}x\\y\end{pmatrix}\right) &= f\left(x\begin{pmatrix}1\\0\end{pmatrix} + y\begin{pmatrix}0\\1\end{pmatrix}\right)\\ &= f\left(x\begin{pmatrix}1\\0\end{pmatrix}\right) + f\left(y\begin{pmatrix}0\\1\end{pmatrix}\right)\\ &= xf\left(\begin{pmatrix}1\\0\end{pmatrix}\right) + yf\left(\begin{pmatrix}0\\1\end{pmatrix}\right)\\ &= x\begin{pmatrix}a\\c\end{pmatrix} + y\begin{pmatrix}b\\d\end{pmatrix}\\ &= \begin{pmatrix}ax\\cx\end{pmatrix} + \begin{pmatrix}by\\dy\end{pmatrix}\\ &= \begin{pmatrix}ax + by\\cx + dy\end{pmatrix}\end{aligned}$$

$$= \begin{pmatrix} a & b \\ c & d \end{pmatrix} \begin{pmatrix} x \\ y \end{pmatrix} = A \begin{pmatrix} x \\ y \end{pmatrix}$$

となる。したがって，2次元ベクトル空間 $\boldsymbol{R}^2$ 上の任意の自己同型写像は，ある2行2列の行列として表されることになる。

さらに，2行2列の行列

$$A = \begin{pmatrix} s & t \\ u & v \end{pmatrix}$$

が逆行列をもたないとき，A を $\boldsymbol{R}^2$ の各元に左から掛ける作用は，全単射にならない。なぜならば，もしこの作用が全単射になれば，

$$A \begin{pmatrix} \alpha \\ \beta \end{pmatrix} = \begin{pmatrix} 1 \\ 0 \end{pmatrix}, A \begin{pmatrix} \gamma \\ \delta \end{pmatrix} = \begin{pmatrix} 0 \\ 1 \end{pmatrix}$$

となる2次元ベクトル

$$\begin{pmatrix} \alpha \\ \beta \end{pmatrix}, \begin{pmatrix} \gamma \\ \delta \end{pmatrix}$$

がある。このとき，

$$\begin{pmatrix} s & t \\ u & v \end{pmatrix} \begin{pmatrix} \alpha & \gamma \\ \beta & \delta \end{pmatrix} = \begin{pmatrix} 1 & 0 \\ 0 & 1 \end{pmatrix}$$

となるので，A は逆行列をもつことになってしまうから矛盾である。

以上から，次の定理を得る。

定理1

2次元ベクトル空間 $\boldsymbol{R}^2$ 上の自己同型写像全体が作る集合

6章 オイラーとラテン方陣

は, $\boldsymbol{R}$ 上の2次一般線形群 $GL(2,\boldsymbol{R})$ と見ることができる。

本節の最初に述べたように, $GL(2,\boldsymbol{R})$ と同じように Z_p 上の2次一般線形群 $GL(2,Z_p)$ を考えることができる。そして $\boldsymbol{R}$ を Z_p に代えた同様の議論を経て, 次の定理を得る。

定理2

2次元ベクトル空間 $(Z_p)^2$ 上の自己同型写像全体が作る集合は, Z_p 上の2次一般線形群 $GL(2,Z_p)$ と見ることができる。

定理1, 2によって, $\boldsymbol{R}^2$ や $(Z_p)^2$ 上の自己同型写像全体は, 写像の合成に関して群 $GL(2,\boldsymbol{R})$ や $GL(2,Z_p)$ になるとみなせる。実際, f と g を自己同型写像とし, A と B をそれぞれを表す行列とすると, f と g の合成 $g \circ f$ は行列の積 BA で表される。

例1 2次元ベクトル空間 $V=(Z_5)^2$ は25個の元からなる集合で, その1次元部分空間は以下の6個である。

$$W_1 = \left\{ \alpha \begin{pmatrix} 1 \\ 0 \end{pmatrix} \mid \alpha \in Z_5 \right\}, \ W_2 = \left\{ \alpha \begin{pmatrix} 1 \\ 1 \end{pmatrix} \mid \alpha \in Z_5 \right\},$$

$$W_3 = \left\{ \alpha \begin{pmatrix} 1 \\ 2 \end{pmatrix} \mid \alpha \in Z_5 \right\}, \ W_4 = \left\{ \alpha \begin{pmatrix} 1 \\ 3 \end{pmatrix} \mid \alpha \in Z_5 \right\},$$

$$W_5 = \left\{ \alpha \begin{pmatrix} 1 \\ 4 \end{pmatrix} \mid \alpha \in Z_5 \right\}, \ W_6 = \left\{ \alpha \begin{pmatrix} 0 \\ 1 \end{pmatrix} \mid \alpha \in Z_5 \right\}$$

視覚的に表すと，図1のようになる。

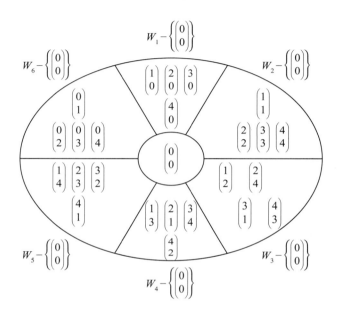

図1

また，3章1節で述べたことと同様に考えて，

$$\begin{pmatrix} a & b \\ c & d \end{pmatrix}$$

が $GL(2, Z_5)$ の元であるために，

$ad - bc \neq 0$

であることは必要十分条件である。

よって,
$$\begin{pmatrix} a & b \\ c & d \end{pmatrix} \in GL(2, Z_5)$$
であるために,
$$\begin{pmatrix} a \\ c \end{pmatrix} \in W_i - \left\{\begin{pmatrix} 0 \\ 0 \end{pmatrix}\right\}, \begin{pmatrix} b \\ d \end{pmatrix} \in W_j - \left\{\begin{pmatrix} 0 \\ 0 \end{pmatrix}\right\} (i \neq j) \quad \cdots\cdots(*)$$
となるi, jがあることは必要十分条件である。

したがって,
$$|GL(2, Z_5)| = [(*)における\begin{pmatrix} a \\ c \end{pmatrix}のとり方]$$
$$\times [(*)における\begin{pmatrix} b \\ d \end{pmatrix}のとり方]$$
$$= (25 - 1) \times (25 - 5) = 24 \times 20 = 480$$
が成り立つ。

一方,Vはベクトルの和に関して加法群であり,各W_iはVの(正規)部分群である。そこで,各$i = 1, 2, 3, 4, 5, 6$について,VにおけるW_iの剰余類全体を視覚的に表してみよう。V/W_iは位数5の巡回群であることに注目すると,図2は簡単に作ることができる。

W_1 の剰余類全体

W_1	$W_1+\begin{pmatrix}0\\1\end{pmatrix}$	$W_1+\begin{pmatrix}0\\2\end{pmatrix}$	$W_1+\begin{pmatrix}0\\3\end{pmatrix}$	$W_1+\begin{pmatrix}0\\4\end{pmatrix}$
$\begin{pmatrix}0\\0\end{pmatrix}\begin{pmatrix}1\\0\end{pmatrix}\begin{pmatrix}2\\0\end{pmatrix}$ $\begin{pmatrix}3\\0\end{pmatrix}\begin{pmatrix}4\\0\end{pmatrix}$	$\begin{pmatrix}0\\1\end{pmatrix}\begin{pmatrix}1\\1\end{pmatrix}\begin{pmatrix}2\\1\end{pmatrix}$ $\begin{pmatrix}3\\1\end{pmatrix}\begin{pmatrix}4\\1\end{pmatrix}$	$\begin{pmatrix}0\\2\end{pmatrix}\begin{pmatrix}1\\2\end{pmatrix}\begin{pmatrix}2\\2\end{pmatrix}$ $\begin{pmatrix}3\\2\end{pmatrix}\begin{pmatrix}4\\2\end{pmatrix}$	$\begin{pmatrix}0\\3\end{pmatrix}\begin{pmatrix}1\\3\end{pmatrix}\begin{pmatrix}2\\3\end{pmatrix}$ $\begin{pmatrix}3\\3\end{pmatrix}\begin{pmatrix}4\\3\end{pmatrix}$	$\begin{pmatrix}0\\4\end{pmatrix}\begin{pmatrix}1\\4\end{pmatrix}\begin{pmatrix}2\\4\end{pmatrix}$ $\begin{pmatrix}3\\4\end{pmatrix}\begin{pmatrix}4\\4\end{pmatrix}$

W_2 の剰余類全体

W_2	$W_2+\begin{pmatrix}0\\1\end{pmatrix}$	$W_2+\begin{pmatrix}0\\2\end{pmatrix}$	$W_2+\begin{pmatrix}0\\3\end{pmatrix}$	$W_2+\begin{pmatrix}0\\4\end{pmatrix}$
$\begin{pmatrix}0\\0\end{pmatrix}\begin{pmatrix}1\\1\end{pmatrix}\begin{pmatrix}2\\2\end{pmatrix}$ $\begin{pmatrix}3\\3\end{pmatrix}\begin{pmatrix}4\\4\end{pmatrix}$	$\begin{pmatrix}0\\1\end{pmatrix}\begin{pmatrix}1\\2\end{pmatrix}\begin{pmatrix}2\\3\end{pmatrix}$ $\begin{pmatrix}3\\4\end{pmatrix}\begin{pmatrix}4\\0\end{pmatrix}$	$\begin{pmatrix}0\\2\end{pmatrix}\begin{pmatrix}1\\3\end{pmatrix}\begin{pmatrix}2\\4\end{pmatrix}$ $\begin{pmatrix}3\\0\end{pmatrix}\begin{pmatrix}4\\1\end{pmatrix}$	$\begin{pmatrix}0\\3\end{pmatrix}\begin{pmatrix}1\\4\end{pmatrix}\begin{pmatrix}2\\0\end{pmatrix}$ $\begin{pmatrix}3\\1\end{pmatrix}\begin{pmatrix}4\\2\end{pmatrix}$	$\begin{pmatrix}0\\4\end{pmatrix}\begin{pmatrix}1\\0\end{pmatrix}\begin{pmatrix}2\\1\end{pmatrix}$ $\begin{pmatrix}3\\2\end{pmatrix}\begin{pmatrix}4\\3\end{pmatrix}$

W_3 の剰余類全体

W_3	$W_3+\begin{pmatrix}0\\1\end{pmatrix}$	$W_3+\begin{pmatrix}0\\2\end{pmatrix}$	$W_3+\begin{pmatrix}0\\3\end{pmatrix}$	$W_3+\begin{pmatrix}0\\4\end{pmatrix}$
$\begin{pmatrix}0\\0\end{pmatrix}\begin{pmatrix}1\\2\end{pmatrix}\begin{pmatrix}2\\4\end{pmatrix}$ $\begin{pmatrix}3\\1\end{pmatrix}\begin{pmatrix}4\\3\end{pmatrix}$	$\begin{pmatrix}0\\1\end{pmatrix}\begin{pmatrix}1\\3\end{pmatrix}\begin{pmatrix}2\\0\end{pmatrix}$ $\begin{pmatrix}3\\2\end{pmatrix}\begin{pmatrix}4\\4\end{pmatrix}$	$\begin{pmatrix}0\\2\end{pmatrix}\begin{pmatrix}1\\4\end{pmatrix}\begin{pmatrix}2\\1\end{pmatrix}$ $\begin{pmatrix}3\\3\end{pmatrix}\begin{pmatrix}4\\0\end{pmatrix}$	$\begin{pmatrix}0\\3\end{pmatrix}\begin{pmatrix}1\\0\end{pmatrix}\begin{pmatrix}2\\2\end{pmatrix}$ $\begin{pmatrix}3\\4\end{pmatrix}\begin{pmatrix}4\\1\end{pmatrix}$	$\begin{pmatrix}0\\4\end{pmatrix}\begin{pmatrix}1\\1\end{pmatrix}\begin{pmatrix}2\\3\end{pmatrix}$ $\begin{pmatrix}3\\0\end{pmatrix}\begin{pmatrix}4\\2\end{pmatrix}$

W_4 の剰余類全体

W_4	$W_4+\begin{pmatrix}0\\1\end{pmatrix}$	$W_4+\begin{pmatrix}0\\2\end{pmatrix}$	$W_4+\begin{pmatrix}0\\3\end{pmatrix}$	$W_4+\begin{pmatrix}0\\4\end{pmatrix}$
$\begin{pmatrix}0\\0\end{pmatrix}\begin{pmatrix}1\\3\end{pmatrix}\begin{pmatrix}2\\1\end{pmatrix}$ $\begin{pmatrix}3\\4\end{pmatrix}\begin{pmatrix}4\\2\end{pmatrix}$	$\begin{pmatrix}0\\1\end{pmatrix}\begin{pmatrix}1\\4\end{pmatrix}\begin{pmatrix}2\\2\end{pmatrix}$ $\begin{pmatrix}3\\0\end{pmatrix}\begin{pmatrix}4\\3\end{pmatrix}$	$\begin{pmatrix}0\\2\end{pmatrix}\begin{pmatrix}1\\0\end{pmatrix}\begin{pmatrix}2\\3\end{pmatrix}$ $\begin{pmatrix}3\\1\end{pmatrix}\begin{pmatrix}4\\4\end{pmatrix}$	$\begin{pmatrix}0\\3\end{pmatrix}\begin{pmatrix}1\\1\end{pmatrix}\begin{pmatrix}2\\4\end{pmatrix}$ $\begin{pmatrix}3\\2\end{pmatrix}\begin{pmatrix}4\\0\end{pmatrix}$	$\begin{pmatrix}0\\4\end{pmatrix}\begin{pmatrix}1\\2\end{pmatrix}\begin{pmatrix}2\\0\end{pmatrix}$ $\begin{pmatrix}3\\3\end{pmatrix}\begin{pmatrix}4\\1\end{pmatrix}$

W_5 の剰余類全体

W_5	$W_5+\begin{pmatrix}0\\1\end{pmatrix}$	$W_5+\begin{pmatrix}0\\2\end{pmatrix}$	$W_5+\begin{pmatrix}0\\3\end{pmatrix}$	$W_5+\begin{pmatrix}0\\4\end{pmatrix}$
$\begin{pmatrix}0\\0\end{pmatrix}\begin{pmatrix}1\\4\end{pmatrix}\begin{pmatrix}2\\3\end{pmatrix}$ $\begin{pmatrix}3\\2\end{pmatrix}\begin{pmatrix}4\\1\end{pmatrix}$	$\begin{pmatrix}0\\1\end{pmatrix}\begin{pmatrix}1\\0\end{pmatrix}\begin{pmatrix}2\\4\end{pmatrix}$ $\begin{pmatrix}3\\3\end{pmatrix}\begin{pmatrix}4\\2\end{pmatrix}$	$\begin{pmatrix}0\\2\end{pmatrix}\begin{pmatrix}1\\1\end{pmatrix}\begin{pmatrix}2\\0\end{pmatrix}$ $\begin{pmatrix}3\\4\end{pmatrix}\begin{pmatrix}4\\3\end{pmatrix}$	$\begin{pmatrix}0\\3\end{pmatrix}\begin{pmatrix}1\\2\end{pmatrix}\begin{pmatrix}2\\1\end{pmatrix}$ $\begin{pmatrix}3\\0\end{pmatrix}\begin{pmatrix}4\\4\end{pmatrix}$	$\begin{pmatrix}0\\4\end{pmatrix}\begin{pmatrix}1\\3\end{pmatrix}\begin{pmatrix}2\\2\end{pmatrix}$ $\begin{pmatrix}3\\1\end{pmatrix}\begin{pmatrix}4\\0\end{pmatrix}$

W_6 の剰余類全体

W_6	$W_6+\begin{pmatrix}1\\0\end{pmatrix}$	$W_6+\begin{pmatrix}2\\0\end{pmatrix}$	$W_6+\begin{pmatrix}3\\0\end{pmatrix}$	$W_6+\begin{pmatrix}4\\0\end{pmatrix}$
$\begin{pmatrix}0\\0\end{pmatrix}\begin{pmatrix}0\\1\end{pmatrix}\begin{pmatrix}0\\2\end{pmatrix}$ $\begin{pmatrix}0\\3\end{pmatrix}\begin{pmatrix}0\\4\end{pmatrix}$	$\begin{pmatrix}1\\0\end{pmatrix}\begin{pmatrix}1\\1\end{pmatrix}\begin{pmatrix}1\\2\end{pmatrix}$ $\begin{pmatrix}1\\3\end{pmatrix}\begin{pmatrix}1\\4\end{pmatrix}$	$\begin{pmatrix}2\\0\end{pmatrix}\begin{pmatrix}2\\1\end{pmatrix}\begin{pmatrix}2\\2\end{pmatrix}$ $\begin{pmatrix}2\\3\end{pmatrix}\begin{pmatrix}2\\4\end{pmatrix}$	$\begin{pmatrix}3\\0\end{pmatrix}\begin{pmatrix}3\\1\end{pmatrix}\begin{pmatrix}3\\2\end{pmatrix}$ $\begin{pmatrix}3\\3\end{pmatrix}\begin{pmatrix}3\\4\end{pmatrix}$	$\begin{pmatrix}4\\0\end{pmatrix}\begin{pmatrix}4\\1\end{pmatrix}\begin{pmatrix}4\\2\end{pmatrix}$ $\begin{pmatrix}4\\3\end{pmatrix}\begin{pmatrix}4\\4\end{pmatrix}$

図2

6.2 ラテン方陣とデザイン

ラテン方陣というものの歴史は,有名な数学者オイラーが1779年に出した「36人士官の問題」に遡る。

n 個の文字からなる集合 Q の各文字を n 回ずつ使って,合計 n^2 個を n 行 n 列の正方形のマス(n 行 n 列行列)に配置し,各行と各列に文字の重複がないものを n 次ラテン方陣という。また,n 個の文字をその成分という。

例1 任意の自然数 n に対して,n 次ラテン方陣は存在する。実際,図1のように,第1行を1段下げるごとに1マス右へ動かす n 行 n 列の配列は n 次ラテン方陣である。

$$\begin{pmatrix} 1 & 2 & 3 & \cdots & n-1 & n \\ n & 1 & 2 & \cdots & n-2 & n-1 \\ n-1 & n & 1 & \cdots & n-3 & n-2 \\ \vdots & \vdots & \vdots & & \vdots & \vdots \\ 2 & 3 & 4 & & n & 1 \end{pmatrix}$$

図1

次に,

$$\begin{pmatrix} ア & イ & ウ & エ \\ ウ & エ & ア & イ \\ エ & ウ & イ & ア \\ イ & ア & エ & ウ \end{pmatrix}, \begin{pmatrix} 1 & 2 & 3 & 4 \\ 4 & 3 & 2 & 1 \\ 2 & 1 & 4 & 3 \\ 3 & 4 & 1 & 2 \end{pmatrix}$$

図2

はどちらも4次ラテン方陣であり，さらに，それらの対応する場所にある文字どうしを並べた方陣

$$\begin{pmatrix} ア1 & イ2 & ウ3 & エ4 \\ ウ4 & エ3 & ア2 & イ1 \\ エ2 & ウ1 & イ4 & ア3 \\ イ3 & ア4 & エ1 & ウ2 \end{pmatrix}$$

図3

には，16（$= 4 \times 4$）個の相異なる対が全部現れる。このようなとき，それら2つのラテン方陣は直交するという。また，一般に2つの n 次ラテン方陣の直交についても同様に定める。

1779年にオイラーは以下の36人士官の問題を出した。

問題

ここに第1連隊から第6連隊まで6個の連隊がある。各連隊から1級士官，2級士官，…，6級士官それぞれ1人ずつ選出し，合計36人集める。これら36人を配置できる6行6列の正方形の場所に，次の条件（*）を満たすように配置することは不可能ではないか。

6章 オイラーとラテン方陣

> （＊）出身連隊だけに注目すると，行と列各々の並びには各連隊から1人ずつ出ている。また階級だけに注目しても，行と列各々の並びには1級から6級まで1人ずつ出ている。

この36人士官の問題はラテン方陣の表現を使うと，直交する2つの6次ラテン方陣は存在しないのではないか，ということと同値である。

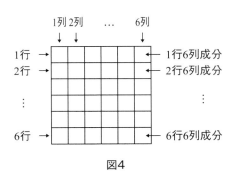

図4

この予想が正しいことを最初に証明したのはG. Tarryで，1900年のことであった。そして1960年には，$n \neq 2, 6$ ならば直交する2つのn次ラテン方陣が存在することがR.C. Bose, S. S. Shrikhande & E. T. Parkerらによって証明された。

そこで次に問題になるのは，各自然数nに対して，互いに

直交する n 次ラテン方陣の最大個数 $N(n)$ の決定であろう。上で述べたことを踏まえると，

$$N(1) = N(2) = N(6) = 1,$$
$$N(n) \geq 2 \ (n \geq 3, n \neq 6)$$

である。次の定理を示そう。

定理1

2以上のすべての整数 n に対して $N(n) \leq n-1$ が成り立つ。

証明 いま，$A_1, A_2, \cdots, A_r$ を互いに直交する n 次ラテン方陣とする。ここで，それらの各成分は $\Omega = \{1, 2, \cdots, n\}$ の元としてよく，A_t の i 行 j 列成分（上から i 番目の行で左から j 番目の列にある成分）を a_{tij} とおく（$1 \leq i, j \leq n$）。Ω 上の任意の置換 $\pi_1, \pi_2, \cdots, \pi_r$ に対して，$\pi_t(A_t)$ を i 行 j 列成分が $\pi_t(a_{tij})$ である n 行 n 列の方陣とすると（$t = 1, 2, \cdots, r$），$\pi_1(A_1)$, $\pi_2(A_2), \cdots, \pi_r(A_r)$ は互いに直交する n 次ラテン方陣であることはやさしく分かる。

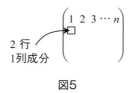

図5

6章　オイラーとラテン方陣

さらに，$\pi_t(A_t)$ $(t=1,2,\cdots,r)$ の一番上の第1行はどれも左から $1,2,\cdots,n$ になるように π_t $(t=1,2,\cdots,r)$ をとることができる（図5参照）。

そのとき，$\pi_1(A_1),\pi_2(A_2),\cdots,\pi_r(A_r)$ の2行1列成分に注目すると，それらはラテン方陣の性質よりどれも1と異なり（1列に注目），さらにそれらは互いに異ならなければならない。なぜならば，任意の $1\leq s<t\leq n$ に対して $\pi_s(A_s)$ と $\pi_t(A_t)$ は直交し，それらの第1行の左から注目すると，1と1, 2と2, 3と3,$\cdots$, n と n の対が現れるからである。したがって，$r\leq n-1$ でなければならない。　　　　　　　（証明終わり）

上の定理において等号 $N(n)=n-1$ が成立するとき，互いに直交する $n-1$ 個の n 次ラテン方陣を n 次ラテン方陣の完全直交系という。n 次ラテン方陣の完全直交系が存在する n を決定する問題は有名な未解決問題である。

n 次ラテン方陣の完全直交系が存在するか否かが解決している n は，$n\leq 10$ と n が素数べきのときだけであり，未解決な場合にチャレンジする研究は大いに意義あることだろう。

n が素数べきのとき n 次ラテン方陣の完全直交系は存在するが，その構成には有限体の存在が本質的に関係している。次節では p が素数のとき，2次元ベクトル空間 $(Z_p)^2$ から p 次ラテン方陣の完全直交系を作るが，p を素数べきに拡張した場合も同様に作ることができる。

直交ラテン方陣の完全直交系の未解決問題として取り上げた上記の内容は，普通はそれと同値である有限射影平面問題，あ

るいは有限アフィン平面問題として語られることが多い。2次元ベクトル空間 $(Z_p)^2$ から p 次ラテン方陣の完全直交系を作る方法は有限アフィン平面の立場からである。そこで，有限射影平面と有限アフィン平面について，デザイン論の言葉を用いて簡単に説明しておこう。まず，デザインの定義を説明する。v 個の元からなる有限集合 Ω と整数 k $(2 \leq k \leq v)$ に対し，

$$\Omega^{(k)} = \{X \mid |X| = k, X \subseteq \Omega\}$$

とおく。明らかに，

$$|\Omega^{(k)}| = {}_vC_k$$

である。いま，自然数 λ, t $(t \leq k)$ に対し次の条件を満たす $\Omega^{(k)}$ の部分集合 $\boldsymbol{B}$ があるとき，Ω と $\boldsymbol{B}$ の組 $(\Omega, \boldsymbol{B})$ を $t-(v, k, \lambda)$ デザインといい，Ω の元を点，$\boldsymbol{B}$ の元をブロックという。

Ω の相異なる任意の t 個の元（点）$\alpha_1, \alpha_2, \cdots, \alpha_t$ に対し，これらを含む $\boldsymbol{B}$ の元（ブロック）はちょうど λ 個ある。

例2 次に示す $(\Omega, \boldsymbol{B})$ は $2-(7, 3, 1)$ デザインである。

6章 オイラーとラテン方陣

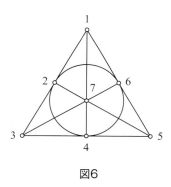

図6

$\Omega = \{1, 2, 3, 4, 5, 6, 7\}$

$\boldsymbol{B} = \left\{ \begin{array}{l} \{1,2,3\},\{3,4,5\},\{5,6,1\},\{1,7,4\}, \\ \{2,7,5\},\{3,7,6\},\{2,4,6\} \end{array} \right\}$

例3 6章1節の例1を参考にして次のように $(\Omega, \boldsymbol{B})$ を定めると,それは $2-(25, 5, 1)$ デザインである。

$\Omega = 2$ 次元ベクトル空間 $V = (\boldsymbol{Z}_5)^2$

$\boldsymbol{B} = V$ における1次元部分空間 $W_1, W_2, \cdots, W_6$ の剰余類全体

以下,その理由を説明しよう。まず,

$|\Omega| = 25, \ |\boldsymbol{B}| = 30$

であることに注意する(6章1節の図2参照)。

次に,Ω の相異なる任意の2つの元

$$a = \begin{pmatrix} \alpha \\ \beta \end{pmatrix}, b = \begin{pmatrix} \gamma \\ \delta \end{pmatrix}$$

に対し,

$$a - b \in W_i$$

となる i ($1 \leq i \leq 6$) がただ1つある（6章1節図1参照）。ここで

$$W_i \ni \begin{pmatrix} 0 \\ 0 \end{pmatrix}$$

であるので,

$$W_i + b \ni a, b$$

となる。これは, V における W_i のある1つの剰余類に a と b が含まれることを意味している。

もし, i と異なる j と V の元 u について

$$W_j + u \ni a, b$$

となるならば,

$$a - b \in W_j$$

となるが, これは上で述べた i のとり方に矛盾する。

2以上の整数 n に対し, $2 - (n^2 + n + 1, n + 1, 1)$ デザインを位数 n の（有限）射影平面といい, $2 - (n^2, n, 1)$ デザインを位数 n の（有限）アフィン平面という。例2は $n = 2$ の射影平面の例であり, 例3は $n = 5$ のアフィン平面の例である。次の定理はとても重要であるが, 証明はやや難しいので, 本書では省略する（拙著『置換群から学ぶ組合せ構造』（日本評論社）を参照）。

6章 オイラーとラテン方陣

定理2

次の（ⅰ），（ⅱ），（ⅲ）は互いに同値である。
（ⅰ）位数 n の射影平面が存在する。
（ⅱ）位数 n のアフィン平面が存在する。
（ⅲ）n 次ラテン方陣の完全直交系が存在する。

定理2において，存在性が分かっている n についても，n に対し（本質的に）ただ1つ存在するものもあれば，n に対し（本質的に）複数存在するものもあることを注意しておく。

次節では，$GL(2, Z_p)$ を自己同型群としてもつ2次元ベクトル空間 $(Z_p)^2$ から p 次ラテン方陣の完全直交系を構成し，それを用いて特殊なゲーム大会のスケジュール計画を導こう。

6．3 $(Z_p)^2$ から作る p 次ラテン方陣の完全直交系

本書の最終節ではラテン方陣の完全直交系を構成し，それを用いて特殊なゲーム大会のスケジュール計画を導く。実はそのように，本書がすっきり完結するように記述してきたことを御理解していただければ幸いである。

最初に6章2節でも触れたが，本節で述べることは Z_p を一般の有限体に拡張して展開することができる。それによって，p を任意の素数べきにまで拡張できることを注意しておく。

なお，ここからの議論では理解し難い部分もあるかもしれない。6章1節の例1および6章2節の例3は，そのような部分をなるべく乗り越えられるように述べた面もある。

2次元ベクトル空間 $V = (Z_p)^2$ は p^2 個の元からなる集合で，その1次元部分空間は以下の $p+1$ 個である。

$$W_1 = \left\{ \alpha \begin{pmatrix} 1 \\ 0 \end{pmatrix} \mid \alpha \in Z_p \right\}, W_2 = \left\{ \alpha \begin{pmatrix} 1 \\ 1 \end{pmatrix} \mid \alpha \in Z_p \right\},$$

$$W_3 = \left\{ \alpha \begin{pmatrix} 1 \\ 2 \end{pmatrix} \mid \alpha \in Z_p \right\}, \cdots\cdots\cdots\cdots,$$

$$W_p = \left\{ \alpha \begin{pmatrix} 1 \\ p-1 \end{pmatrix} \mid \alpha \in Z_p \right\}, W_{p+1} = \left\{ \alpha \begin{pmatrix} 0 \\ 1 \end{pmatrix} \mid \alpha \in Z_p \right\}$$

V はベクトルの和に関して加法群であり，各 W_i は V の（正規）部分群である。

そこで各 i について，V における W_i の剰余類全体を

$W_{i1} = W_i, W_{i2}, W_{i3}, \cdots, W_{ip}$

とおく。ここで，

$|V| = p^2$, $|W_{ij}| = p$ ($j = 1, 2, \cdots, p$)

であることに注意する（図1参照）。

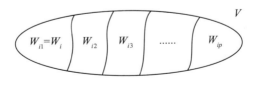

図1

6章 オイラーとラテン方陣

いま，
$$X_j = W_{pj},\ Y_j = W_{p+1,j}\ (j = 1, 2, \cdots, p)$$
とおくと，任意の $X_i\ (1 \leq i \leq p)$ と $Y_j\ (1 \leq j \leq p)$ に対して，$X_i \cap Y_j$ は V の 1 つの元 $\alpha(i,j)$ だけからなる集合となる．

なぜならば，X_i と $Y_1, Y_2, \cdots, Y_p$ を示した図 2 を見ることにより（i は固定），
$$|X_i \cap Y_j| \leq 1\ (j = 1, 2, \cdots, p) \quad \cdots (1)$$
であることが分かれば，$|X_i| = p$ であるので，
$$|X_i \cap Y_j| = 1\ (j = 1, 2, \cdots, p)$$
でなければならないことが分かる．

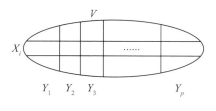

図2

ところが，6章2節の例3の後半で述べている議論は，
$$|X_i \cap Y_j| \geq 2$$
となることはないことを示している．したがって (1) が成り立つことになり，$X_i \cap Y_j$ は V の 1 つの元 $\alpha(i,j)$ だけからなる集合となる．

次に，$p - 1$ 個の p 行 p 列の行列 $A_1, A_2, \cdots, A_{p-1}$ を次のよう

に定める $(i = 1, 2, \cdots, p, j = 1, 2, \cdots, p)$。

A_t の (i, j) 成分 $(i$ 行 j 列成分$) = k \in \{1, 2, \cdots, p\}$
$\Leftrightarrow \alpha(i, j) \in W_{tk}$

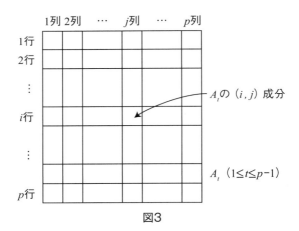

図3

上の定義により，$A_1, A_2, \cdots, A_{p-1}$ は互いに直交するラテン方陣になることが以下のようにして分かる。

まず，

$X_i \cap Y_j = \{\alpha(i, j)\} \quad (i = 1, 2, \cdots, p, j = 1, 2, \cdots, p)$

であるから，j を固定したすべての $\alpha(i, j)$ $(i = 1, 2, \cdots, p)$ と，i を固定したすべての $\alpha(i, j)$ $(j = 1, 2, \cdots, p)$ は，それぞれ互いに異なる。また，$\alpha(i, j)$ 全体の集合は V と一致する。

したがって，

$\alpha(i, j), \alpha(i', j) \in W_{tk}$ …(2)

となる $i \neq i'$ と k が存在することはない。なぜならば，もし (2) が成り立つと，$\alpha(i,j)$ と $\alpha(i',j)$ は $Y_j = W_{p+1,j}$ の元でもあり，W_{tk} $(1 \leq t \leq p-1)$ の元でもある。これは，再び6章2節の例3の後半で述べた議論によって矛盾である。よって，A_t の第 j 列の成分はすべて異なることになる。

同様にして，
$$\alpha(i,j), \alpha(i,j') \in W_{tk}$$
となる $j \neq j'$ と k が存在することもない。よって，A_t の第 i 行の成分はすべて異なることになる。

以上から，A_t $(1 \leq t \leq p-1)$ は p 次ラテン方陣であることが分かったのである。

次に，$t \neq t'$ である A_t と $A_{t'}$ は直交することを示そう。いま，
$$A_t \text{ の } (i,j) \text{ 成分} = k, A_t \text{ の } (i',j') \text{ 成分} = k$$
$$A_{t'} \text{ の } (i,j) \text{ 成分} = h, A_{t'} \text{ の } (i',j') \text{ 成分} = h$$
とすると $((i,j) \neq (i',j'))$，
$$\alpha(i,j) \in W_{tk}, \alpha(i',j') \in W_{tk}$$
$$\alpha(i,j) \in W_{t'h}, \alpha(i',j') \in W_{t'h}$$
である。よって，
$$\alpha(i,j), \alpha(i',j') \in W_{tk} \cap W_{t'h} \quad \cdots (3)$$
となる。ところが，$W_{tk} \neq W_{t'h}$ については
$$|W_{tk} \cap W_{t'h}| = 1$$
であるので，(3) から矛盾が導かれる。

以上から，$A_1, A_2, \cdots, A_{p-1}$ は互いに直交することになる。

これによって，$(Z_p)^2$ から p 次ラテン方陣の完全直交系を作

ったのであるが，任意の素数べき p^e（p：素数, $e \geq 1$）に対して p^e を位数とする有限体 K の存在を仮定すれば，Z_p を K に置き替えて同じ議論を行うことにより，p^e 次ラテン方陣の完全直交系を作ることができる．

最後に，n^2 人で行うゲーム大会のスケジュール計画（＊）を，n 次ラテン方陣の完全直交系がある場合，それらからどのように作るのかを $n = 5$ の場合について述べよう．その他の場合についても作り方は同じである．

（＊）n^2 人ゲーム大会
大会期間は $n + 1$ 日間で，毎日 n 個のグループに分けて，全員が毎日 1 回ずつゲームに参加する．なお，各グループは n 人から構成される．また，どの 2 人に対しても，その 2 人が同じグループで行うのは，$n + 1$ 日間を通してちょうど 1 回だけである．

図 4 で示した 4 つの 5 行 5 列の行列は，5 次ラテン方陣の完全直交系である．

$$U = \begin{array}{|c|c|c|c|c|} \hline c & d & e & a & b \\ \hline d & e & a & b & c \\ \hline e & a & b & c & d \\ \hline a & b & c & d & e \\ \hline b & c & d & e & a \\ \hline \end{array} \qquad V = \begin{array}{|c|c|c|c|c|} \hline d & e & a & b & c \\ \hline a & b & c & d & e \\ \hline c & d & e & a & b \\ \hline e & a & b & c & d \\ \hline b & c & d & e & a \\ \hline \end{array}$$

$$W = \begin{array}{|c|c|c|c|c|} \hline e & a & b & c & d \\ \hline c & d & e & a & b \\ \hline a & b & c & d & e \\ \hline d & e & a & b & c \\ \hline b & c & d & e & a \\ \hline \end{array} \qquad X = \begin{array}{|c|c|c|c|c|} \hline a & b & c & d & e \\ \hline e & a & b & c & d \\ \hline d & e & a & b & c \\ \hline c & d & e & a & b \\ \hline b & c & d & e & a \\ \hline \end{array}$$

図4

25人の参加者に 1, 2, 3, …, 25 の番号を割り当てて，形式的に図5のように待機してもらう。

1	2	3	4	5
6	7	8	9	10
11	12	13	14	15
16	17	18	19	20
21	22	23	24	25

図5

そして，1日目から6日目までの対戦グループ分けを次のように定めればよい．

1日目
{Uのaがある場所の番号} = {4, 8, 12, 16, 25}
{Uのbがある場所の番号} = {5, 9, 13, 17, 21}
{Uのcがある場所の番号} = {1, 10, 14, 18, 22}
{Uのdがある場所の番号} = {2, 6, 15, 19, 23}
{Uのeがある場所の番号} = {3, 7, 11, 20, 24}
2日目
{Vのaがある場所の番号} = {3, 6, 14, 17, 25}
{Vのbがある場所の番号} = {4, 7, 15, 18, 21}
{Vのcがある場所の番号} = {5, 8, 11, 19, 22}
{Vのdがある場所の番号} = {1, 9, 12, 20, 23}
{Vのeがある場所の番号} = {2, 10, 13, 16, 24}

6章 オイラーとラテン方陣

3日目
{Wのaがある場所の番号} = {2, 9, 11, 18, 25}
{Wのbがある場所の番号} = {3, 10, 12, 19, 21}
{Wのcがある場所の番号} = {4, 6, 13, 20, 22}
{Wのdがある場所の番号} = {5, 7, 14, 16, 23}
{Wのeがある場所の番号} = {1, 8, 15, 17, 24}

4日目
{Xのaがある場所の番号} = {1, 7, 13, 19, 25}
{Xのbがある場所の番号} = {2, 8, 14, 20, 21}
{Xのcがある場所の番号} = {3, 9, 15, 16, 22}
{Xのdがある場所の番号} = {4, 10, 11, 17, 23}
{Xのeがある場所の番号} = {5, 6, 12, 18, 24}

5日目　　　　　　6日目
{1, 2, 3, 4, 5}　　　　{1, 6, 11, 16, 21}
{6, 7, 8, 9, 10}　　　{2, 7, 12, 17, 22}
{11, 12, 13, 14, 15}　{3, 8, 13, 18, 23}
{16, 17, 18, 19, 20}　{4, 9, 14, 19, 24}
{21, 22, 23, 24, 25}　{5, 10, 15, 20, 25}

　5次ラテン方陣の完全直交系から上述のように作った25人ゲーム大会の計画は，そのままn次ラテン方陣の完全直交系から（＊）を満たすn^2人ゲーム大会の計画を作ることに発展できる。

　一応，「どの2人に対しても，その2人が同じグループで行

うのは，$n+1$日間を通してちょうど1回だけである」という部分の説明をしよう。

ラテン方陣と直交ラテン方陣の性質から，どの2人に対しても，その2人が同じグループで行うのは，$n+1$日間を通して1回以下であることは分かる。

また，すべてのグループ数は$n(n+1)$であり，各グループから2人の選び方の総数は$\dfrac{n(n-1)}{2}$である。それらの積を求めると，

$$n(n+1) \times \frac{n(n-1)}{2} = \frac{n^2(n^2-1)}{2}$$

となるので，これはn^2人全員から2人の選び方の総数になる。それゆえ，目的とする説明ができたのである。

振り返って，オイラーの36人士官の問題は，n次ラテン方陣の完全直交系が存在するnを決定する離散数学最大の未解決問題のきっかけになったと考える。この未解決問題を解決していくと，それに伴って関係が深い符号理論や暗号理論が発展することが期待される。

本章の最後に述べたいことは，群という"道具"が機能するnが素数べきp^e（p：素数, $e \geq 1$）の世界ではn次ラテン方陣の完全直交系の問題は解決したものの，そうでない世界では良い"道具"が見つかっていないだけに，その未解決問題の解決に人類は相当苦労させられると予想することである。実際，オイラーの36人士官の問題は，直交する2つの6次ラテン方陣は存在しないのではないか，というnがたった6の状況である。

この問題を解決するために人類は100年以上の年月をかけたのである。

　しかしながら人類は，フェルマーの問題を始め，様々な難解な問題を解決してきた歴史がある。群を乗り超えるような素晴らしい"道具"を発見し，離散数学最大の未解決問題の解決へ向けた糸口を見つける人たちが現れることを期待したい。

さくいん

〈数字・欧文〉

15ゲーム	43
1対1の写像	19
36人士官の問題	152
Z_m	82
Z_p	82

〈あ行〉

アフィン平面	158
アーベル群	71
位数	72, 90, 114
一般線形群	122
上への1対1の写像	20
上への写像	19
演算記号	70
演算は定義される	70
演算は閉じている	70

〈か行〉

可換群	71
核	131
加法群	72
完全直交系	155
偽	14
奇置換	37
逆行列	77
逆元	72
逆写像	22
逆像	16, 17, 131
逆置換	23
共通集合	15
行列式	123
空集合	14
偶置換	37
群	71
結合法則	72
元	13
交換法則	72
合成	18
合成写像	18
合成置換	37
交代群	59
合同	80
恒等写像	23
恒等置換	23
合同変換	62
互換	23
固定部分群	116

〈さ行〉

差集合	15
自己同型群	92
次数	62
実数体	90
自明な正規部分群	118
自明な部分群	73
射影平面	158
写像	15
写像の合成が定義	62
終域	16
集合	13
十分条件	14
巡回群	114

巡回置換分解	126
巡回部分群	114
巡回置換	25
準同型写像	130
準同型定理	133
条件命題	14
剰余群	122
剰余類	106
真	14
スカラー倍	75, 141
正規部分群	117
生成	114
成分	74, 151
正方行列	74
積	75
全射	19
全単射	20
像	16, 17, 131
素数べき	90

〈た行〉

体	89
対称群	59
単位行列	74
単位群	73
単位元	72
単射	19
単純群	118
値域	16
置換	23
置換群	61
置換群として同型	135
直和	113
直和分割	83
直交	152
定義域	16
デザイン	156

点	156
同型	132
同型写像	132
同値	14
特殊線形群	125

〈な行〉

長さ	25
二面体群	63

〈は行〉

左剰余類	106
必要十分条件	14
必要条件	14
複素数体	90
部分空間	141
部分群	73
部分集合	14
ブロック	156
ベクトル	141
ベクトル空間	141
法	80

〈ま行〉

右剰余類	106
無限群	72
無限集合	13
命題	14

〈や行〉

有限群	72
有限集合	14
有限体	90
有理数体	90
要素	13

〈ら・わ行〉

ラグランジュの定理	115
ラテン方陣	151
零行列	74
零元	72
和	72, 75, 141
和集合	15

参考図書

『群論の基礎』永尾汎（朝倉書店　2004年）

『代数学』永尾汎（朝倉書店　1983年）

『群論への招待』永田雅宜（現代数学社　2007年）

『置換群から学ぶ組合せ構造』芳沢光雄（日本評論社　2004年）

Permutation Groups, Peter J. Cameron, Cambridge University Press, 1999

Permutation Groups, John D. Dixon and Brian Mortimer, Springer, 1996

N.D.C.411.6　　173p　　18cm

ブルーバックス　B-1917

群論入門(ぐんろんにゅうもん)
対称性をはかる数学

2015年 5月20日　第1刷発行
2024年11月12日　第5刷発行

著者	芳沢光雄(よしざわみつお)	
発行者	篠木和久	
発行所	株式会社講談社	
	〒112-8001 東京都文京区音羽2-12-21	
電話	出版	03-5395-3524
	販売	03-5395-5817
	業務	03-5395-3615
印刷所	(本文印刷) 株式会社KPSプロダクツ	
	(カバー表紙印刷) 信毎書籍印刷株式会社	
製本所	株式会社国宝社	

定価はカバーに表示してあります。
©芳沢光雄　2015, Printed in Japan
落丁本・乱丁本は購入書店名を明記のうえ、小社業務宛にお送りください。送料小社負担にてお取替えします。なお、この本についてのお問い合わせは、ブルーバックス宛にお願いいたします。
本書のコピー、スキャン、デジタル化等の無断複製は著作権法上での例外を除き、禁じられています。本書を代行業者等の第三者に依頼してスキャンやデジタル化することはたとえ個人や家庭内の利用でも著作権法違反です。
R〈日本複製権センター委託出版物〉複写を希望される場合は、日本複製権センター(電話03-6809-1281)にご連絡ください。

ISBN978-4-06-257917-9

発刊のことば

科学をあなたのポケットに

二十世紀最大の特色は、それが科学時代であるということです。科学は日に日に進歩を続け、止まるところを知りません。ひと昔前の夢物語もどんどん現実化しており、今やわれわれの生活のすべてが、科学によってゆり動かされているといっても過言ではないでしょう。

そのような背景を考えれば、学者や学生はもちろん、産業人も、セールスマンも、ジャーナリストも、家庭の主婦も、みんなが科学を知らなければ、時代の流れに逆らうことになるでしょう。

ブルーバックス発刊の意義と必然性はそこにあります。このシリーズは、読む人に科学的に物を考える習慣と、科学的に物を見る目を養っていただくことを最大の目標にしています。そのためには、単に原理や法則の解説に終始するのではなくて、政治や経済など、社会科学や人文科学にも関連させて、広い視野から問題を追究していきます。科学はむずかしいという先入観を改める表現と構成、それも類書にないブルーバックスの特色であると信じます。

一九六三年九月

野間省一